普通高等教育"十二五"规划教材

大学计算机基础上机实践教程（第三版）
——基于 Windows 7 和 Office 2010 环境

主　编　何振林　胡绿慧

副主编　信伟华　孟　丽　肖　丽　张庆荣

中国水利水电出版社
www.waterpub.com.cn

内 容 提 要

本书是《大学计算机基础（第三版）——基于 Windows 7 和 Office 2010 环境》（何振林、罗奕主编，中国水利水电出版社）一书的配套教材。全书安排 8 章共 23 个实验内容，包括键盘操作与指法练习、Windows 7 操作系统、Word 2010 文字处理系统、Excel 2010 电子表格、PowerPoint 2010 演示文稿、Photoshop 图像处理与 Flash 动画制作、TCP/IP 网络配置和文件夹共享、Internet 基本使用以及 Access 数据库技术基础等。

本书语言流畅、结构简明、内容丰富、条理清晰、循序渐进、可操作性强，同时注重应用能力的培养。

本书既可作为应用型高等学校、高职高专和成人高校非计算机专业学生计算机基础课程的上机辅导教材，也可供各类计算机培训及自学者使用。

图书在版编目（C I P）数据

大学计算机基础上机实践教程 ：基于Windows 7和
Office 2010环境 / 何振林，胡绿慧主编. -- 3版. --
北京 ：中国水利水电出版社，2014.1（2014.7 重印）
普通高等教育"十二五"规划教材
ISBN 978-7-5170-1372-3

Ⅰ. ①大… Ⅱ. ①何… ②胡… Ⅲ. ①
Windows操作系统－高等学校－教材②办公自动化－应用软
件－高等学校－教材 Ⅳ. ①TP316.7②TP317.1

中国版本图书馆CIP数据核字(2013)第265185号

策划编辑：寇文杰　　责任编辑：李　炎　　封面设计：李　佳

书　　名	普通高等教育"十二五"规划教材 **大学计算机基础上机实践教程（第三版）** ——基于 Windows 7 和 Office 2010 环境
作　　者	主　编　何振林　胡绿慧 副主编　信伟华　孟　丽　肖　丽　张庆荣
出版发行	中国水利水电出版社 （北京市海淀区玉渊潭南路 1 号 D 座　100038） 网址：www.waterpub.com.cn E-mail: mchannel@263.net（万水） 　　　　sales@waterpub.com.cn 电话：（010）68367658（发行部）、82562819（万水）
经　　售	北京科水图书销售中心（零售） 电话：（010）88383994、63202643、68545874 全国各地新华书店和相关出版物销售网点
排　　版	北京万水电子信息有限公司
印　　刷	三河市铭浩彩色印装有限公司
规　　格	184mm×260mm　16 开本　12.5 印张　314 千字
版　　次	2010 年 7 月第 1 版　2010 年 7 月第 1 次印刷 2014 年 1 月第 3 版　2014 年 7 月第 2 次印刷
印　　数	5001—11000 册
定　　价	23.00 元

编　委　会

前　言

计算机是一门实验性很强的学科，如今能熟练使用计算机已经是人们必备的技能之一。计算机应用能力的培养和提高，要靠大量的上机实践与实验来实现。为配合教材《大学计算机基础（第三版）——基于 Windows 7 和 Office 2010 环境》（何振林、罗奕主编，中国水利水电出版社）的学习和对其内容的理解，我们编写了这本《大学计算机基础上机实践教程（第三版）——基于 Windows 7 和 Office 2010 环境》。

本书内容新颖、面向应用、强调操作能力培养和综合应用，特点更加突出。本书宗旨是使读者能够快速掌握办公自动化技术、多媒体技术、网络环境下的计算机应用新技术等。

本书紧密结合《大学计算机基础（第三版）——基于 Windows 7 和 Office 2010 环境》一书，以 Windows 7、Office 2010 为背景软件，安排了键盘操作与指法练习、Windows 7 操作系统、Word 2010 文字处理、Excel 2010 电子表格、PowerPoint 2010 演示文稿、Photoshop 图像处理与 Flash 动画制作、TCP/IP 网络配置和文件夹共享、Internet 基本使用以及 Access 数据库技术基础等内容的实践练习。

本教材在编写时力求做到语言流畅、结构简明、内容丰富、条理清晰、循序渐进、可操作性强，同时注重应用能力的培养。全书设计的实验较多，便于各任课教师根据实际的教学情况灵活安排。教材中共安排 23 个实验，在每个实验中又分别设置了若干个小实验，以对应于《大学计算机基础（第三版）——基于 Windows 7 和 Office 2010 环境》各个章节的不同内容；在每个实验后面还安排了大量的思考与综合练习题，供读者加深对该部分内容的理解与提高。

书中所有实验，就其内容来说，可划分为以下 8 章：

第 1～2 章：实验一到实验六，主要安排了有关 Windows 7 操作系统的基本操作与使用。实验内容有键盘操作与指法练习、Windows 7 的基本操作、文件与文件夹的操作、磁盘管理与几个实用程序、Windows 7 的系统设置与维护的使用等。

第 3 章：实验七到实验十三。实验内容有 Word 的基本操作、Word 表格与图形、Word 的高级操作等。通过这 7 个实验，使读者能快速全面地掌握 Word 2010 文字处理软件的使用精髓。

第 4 章：实验十四到实验十六。实验内容有 Excel 的基本操作、Excel 数据管理以及 Excel 数据的图形化。

第 5 章：实验十七到实验十九。实验内容有 PowerPoint 使用初步、幻灯片的修饰和编辑，以及 PowerPoint 高级操作等。

第 6 章：实验二十。实验内容有"格式工厂"软件的使用、HyperSnap-DX 抓图软件的使用、Photoshop 与 Flash 的使用初步等。通过此实验，使读者具备处理图片和制作动画的初步能力。

第 7 章：实验二十一和实验二十二。实验内容有 TCP/IP 网络配置与文件夹共享、以及 Internet 基本使用。通过这两个实验，使读者快速了解计算机的网络配置，能进行网络浏览等。

第 8 章：实验二十三。安排有 Access 数据库技术的实践练习，主要内容有 Access 数据库的创建、数据库表的建立与联系、查询与报表设计等。

本书可作为大中专院校开设"大学计算机基础"课程的配套实验教材，也可供自学"大学计算机基础"的读者参考。

　　本书在编写过程中，参考了大量的资料，在此对这些资料的作者表示感谢，同时在这里也特别感谢我的同事，他（她）们为本书的写作提供了无私的建议。

　　本书的编写得到了中国水利水电出版社全方位的帮助，以及有关兄弟院校的大力支持，在此一并表示感谢。

　　本书由何振林、胡绿慧任主编，信伟华、孟丽、肖丽、张庆荣任副主编，参加编写的还有罗奕、赵亮、张勇、王俊杰、刘剑波、杨进、杨霖、庞燕玲、罗维等。

　　由于时间仓促及作者的水平有限，虽经多次教学实践和修改，书中难免存在错误和不妥之处，恳请广大读者批评指正。

编者

2013 年 10 月 16 日于成都·米兰香洲

目　录

第 1 章　计算机基础知识

实验一　Windows 7 基础

实验目的

（1）掌握 Windows 7 开启与退出的正确方法和启动模式。

（2）了解 Windows 7 几种关闭方法的含义和使用，以及 Windows 7 基本操作。

实验内容与操作步骤

实验 1-1　Windows 7 正常启动的操作。

（1）打开计算机电源。依次接通外部设备的电源开关和主机电源开关；计算机执行硬件测试，正确测试后开始系统引导。

（2）Windows 7 开始启动；若在安装 Windows 7 过程中设置了多个用户使用同一台计算机，启动过程将出现如图 1-1 所示的提示画面，选择确定用户后，完成最后启动。

　　　轻松访问按钮　　　　　　　　　　　　　　　　　　　　　　　　　　　关机按钮

图 1-1　Windows 7 登录对话框

（3）启动完成后，出现 Windows 7 桌面，如图 1-2 所示。

图 1-2　Windows 7 操作系统的初始界面

实验 1-2　注销当前用户，以其他用户名登录。

（1）单击 Windows 7 桌面左下角的"开始"按钮，弹出"开始"菜单。

（2）将鼠标移到"关机"选项按钮中的"右侧箭头"处单击，在弹出的"关闭选项"菜单中单击"注销"选项，如图 1-3 所示。

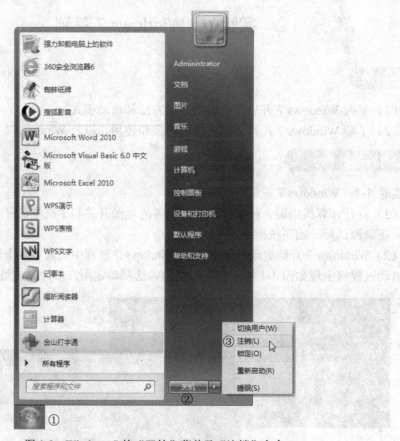

图 1-3　Windows 7 的"开始"菜单及"注销"命令

（3）接着系统注销当前用户，并出现登录对话框，如图 1-1 所示。

（4）在登录对话框中单击选择某用户并输入密码，单击"确定"按钮。

（5）Windows 7 以新的用户名登录并进入桌面状态。

实验 1-3　关闭计算机或重新启动 Windows 7 的操作。

要关闭计算机或重新启动 Windows 7，用户可在如图 1-3 所示对话框中，直接单击"关机"按钮或选择"重新启动"选项。

实验 1-4　Windows 7 的基础使用。

操作内容如下：

（1）启动并登录计算机。

按主机前置面板上的"电源开关"按钮，启动并登录进入 Windows 7，观察 Windows 7 桌面的组成。

（2）将 Windows 7 桌面改回 Windows 9X 经典桌面显示方式。

● 将鼠标指向桌面中的空白处右击，在出现的快捷菜单中执行"个性化"命令，打开"个性化"设置窗口，如图 1-4 所示。

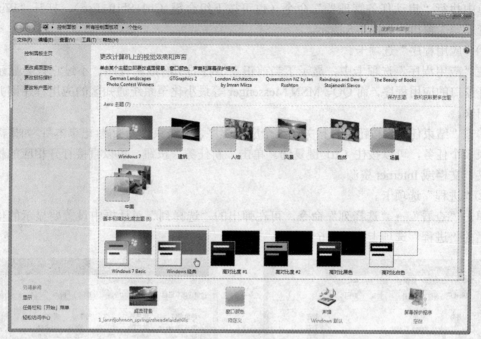

图 1-4　桌面"个性化"设置窗口

- 在"更改计算机上的视觉效果和声音"列表框中，单击"基本和高对比度主题"项目下的"Windows 经典"图标，稍等一会，桌面的视觉效果将和 Windows 9X 版本大体相同。

（3）鼠标的基本操作练习。

- 按住鼠标左键，将"计算机"图标移动到桌面上其他位置。
- 用鼠标双击或右击打开"计算机"窗口。
- 用鼠标执行拖拽操作改变"计算机"窗口的大小和在桌面上的位置。
- 用鼠标的右键拖动"计算机"图标到桌面某一位置，松开后，选择某一操作。
- 将鼠标指向任务栏的右侧系统通知区的当前时间图标 ，单击打开"日期和时间属性"对话框，用户可在此对话框中调整系统时间与日期。
- 在 Windows 7 桌面上，双击打开 Internet Explorer 浏览器。
- 单击"开始"→"所有程序"→"附件"→"计算器"或"记事本"命令，打开"计算器"或"记事本"程序。

实验 1-5　使用"Windows 任务管理器"查看已打开的程序，利用进程关闭程序。

"Windows 任务管理器"为用户提供了有关计算机性能的信息，并显示了计算机上所运行的程序和进程的详细信息；如果连接到网络，那么还可以查看网络状态并迅速了解网络是如何工作的。

"Windows 任务管理器"的用户界面提供了文件、选项、查看、窗口、帮助等五大菜单，界面中还有应用程序、进程、服务、性能、联网、用户等六个选项卡，窗口底部则是状态栏，从这里可以查看到当前系统的进程数、CPU 使用率、提交更改的内存容量等数据。

为完成本实验，请先将 Windows Media Player（媒体播放器）、计算机、计算器（Calc）、写字板（WordPad）、记事本（NotePad）等几个程序打开。

（1）打开"Windows 任务管理器"的方法是：用鼠标右击任务栏的空白处，在弹出的快捷菜单中执行"启动任务管理器"命令（也可按下组合键 Ctrl+Shift+Esc），打开"Windows 任务管理器"窗口，如图 1-5 所示。

①"应用程序"选项卡。

在"应用程序"选项卡中，显示了当前正在运行的所有应用程序，不过它只会显示当前已打开窗口的应用程序，而 QQ、MSN Messenger 等最小化至系统通知区的应用程序则并不会显示出来。

单击"结束任务"按钮可直接关闭某个应用程序，如结束"无标题-记事本"；如果需要同时结束多个任务，可以按住 Ctrl 键复选。单击"新任务"按钮，可以直接打开相应的程序、文件夹、文档或 Internet 资源。

②"进程"选项卡。

单击"查看"→"选择列"命令，可在弹出的"选择列"对话框中设置要显示的信息，设置后的"进程"选项卡如图 1-6 所示。

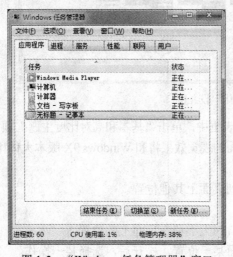

图 1-5　"Windows 任务管理器"窗口　　　　图 1-6　"进程"选项卡

"进程"选项卡用于显示计算机上正在运行的进程的信息，包括应用程序、后台服务等。如果你已中病毒，则隐藏在系统底层深处运行的病毒程序或木马程序也可以找到。

找到需要结束的进程名，然后执行右键菜单中的"结束进程"命令，就可以强行终止，如 notepad.exe（记事本）。不过这种方式将丢失未保存的数据，而且如果结束的是系统服务，则系统的某些功能可能无法正常使用。

③"性能"选项卡。

在"性能"选项卡中，可以查看计算机性能的动态数据，例如 CPU 和各种内存的使用情况，如图 1-7 所示。

④"用户"选项卡。

图 1-8 是"用户"选项卡，其中，显示了当前已登录和连接到本机的用户数、标识（标识该计算机上的会话的数字 ID）、活动状态（正在运行、已断开）、客户端名，可以单击"注销"按钮重新登录，或者通过"断开"按钮断开与本机的连接。如果是局域网用户，还可以向其他用户发送消息。

图 1-7　"性能"选项卡　　　　　　　　图 1-8　"用户"选项卡

思考与综合练习

（1）试在 Windows 7 桌面上建立如图 1-9（a）所示的结构的文件夹，再将建立的文件 YWLX.TXT 和 ZW.doc 分别单独移动到 Windows 和 Word 文件夹中，如图 1-9（b）所示。

图 1-9　自定义的文件夹

（2）两次打开"记事本"程序 notepad.exe，然后使用"Windows 任务管理器"关闭"记事本"程序 notepad.exe。

实验二　键盘操作与指法练习

实验目的

（1）掌握一个中英文打字练习软件的使用。
（2）掌握汉字输入法的选用。
（3）了解"记事本"和"写字板"程序的启动、文件保存和退出的方法。
（4）了解压缩软件 WinRAR 的基本使用方法。

实验内容与操作步骤

实验 2-1　"金山打字通 2013"（简称"金山打字"）中英文键盘练习软件的使用。"金山打字"的主要功能如下：
①支持打对与打错分音效提示；

②提供友好的测试结果展示，并实时显示打字时间、速度、进度、正确率；

③支持从头开始练习，支持打字过程中暂停打字；

④英文打字提供常用单词、短语练习，打字时提供单词解释提示；

⑤科学打字教学先讲解知识点，再练习，最后过关测试；

⑥可针对英文、拼音、五笔分别测试，过关测试中提供查看攻略；

⑦提供经典打字游戏，轻松快速提高打字水平；

⑧通俗易懂全新打字教程，助你更快学会打字。

操作方法及步骤如下：

（1）启动"金山打字"。单击"开始"→"所有程序"→"金山打字通"→"金山打字通"命令，启动"金山打字"练习软件。启动后，该程序的用户登录界面如图 2-1 所示。

图 2-1   "金山打字通 2013"启动窗口

首次使用"金山打字"的用户，单击"新手入门"、"英文打字"、"拼音打字"和"五笔打字"任何一个功能按钮，系统均弹出选择或添加某一用户界面，单击"确定"按钮，进入"超级打字通"的系统主界面，如图 2-2 所示。

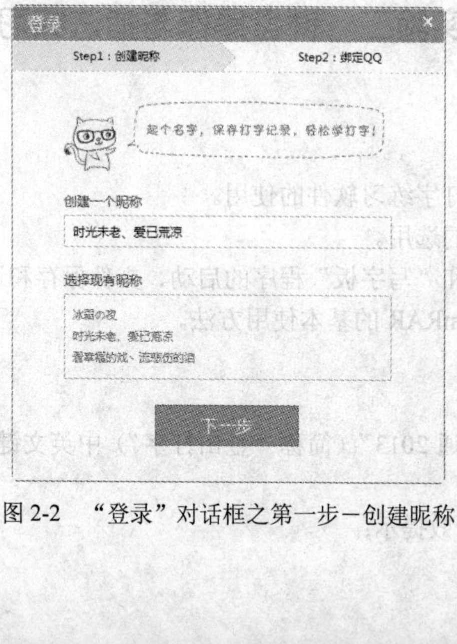

图 2-2   "登录"对话框之第一步—创建昵称

在图 2-2 中，用户可创建或选择一个昵称（用户），单击"下一步"按钮，出现如图 2-3 所示的"登录"对话框之第二步－绑定 QQ 对话框。

在图 2-3 中，用户可绑定或不绑定 QQ，如果绑定 QQ，用户才能拥有保存记录、漫游打字成绩和查看全球排名等功能。

单击"绑定"按钮，出现如图 2-4 所示 QQ 登录界面，单击自己的 QQ 头像，即可将本次打字和 QQ 绑定。如果不绑定 QQ，则直接单击图 2-3 对话框右上角的即可。

图 2-3　"登录"对话框之第二步－绑定 QQ　　　　图 2-4　"QQ 登录"对话框

（2）注销"昵称"和退出"金山打字通"。

①注销昵称。用户在练习时，可随时注销当前昵称（用户），其方法是：单击"金山打字"界面右上角的"昵称"列表框，在弹出的列表中执行"注销"命令，如图 2-5 所示。

图 2-5　注销"昵称"

②用户在练习时，也可随时结束程序的使用。退出此程序的方法有：

● 单击右上角的控制按钮。

● 按通用的窗口退出组合键 Alt+F4。

（3）英文键盘练习。英文键盘练习分为"新手入门"和"英文打字"两部分。

如图 2-6 所示的是"新手入门"功能界面，在"新手入门"训练中，用户可分别就"字母键位"、"数字键位"、"符号键位"等 3 个部分进行练习，此外用户还可学习或训练"打字常识"和"键位纠错"等 2 部分的知识。

图 2-6 "新手入门"功能界面

用户只需要在"新手入门"功能界面中单击相应的功能按钮，就可进入相应的界面进行学习或练习。

如图 2-7 所示的是"英文打字"功能界面，用户可分别就"单词练习"、"语句练习"和"文章"等 3 个部分进行练习。

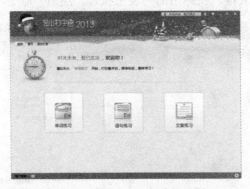

图 2-7 "新手入门"功能界面

在"英文打字"功能界面中单击相应的功能按钮，就可进入相应的界面进行练习。

（4）利用"金山打字"软件，用户还可进行"拼音打字"和"五笔打字"的练习。此外，"金山打字"软件提供了趣味丰富的打字游戏。

实验 2-2 学会 WinRAR 中文版的简单使用。要求如下：

（1）从网上下载并安装 WinRAR V5.0 简体中文正式版。

（2）从网上下载并安装极点五笔 7.12。

（3）安装 WinRAR 解压缩文件后，使用 WinRAR 软件将"极点五笔 7.12"文件解压缩。
操作方法和步骤如下：

（1）下载 WinRAR V5.0 简体中文正式版和极点五笔 7.12。

● 从天空网站下载 WinRAR V5.0 简体中文正式版，下载的软件放在 Windows 7 桌面上。
网址是 http://www.skycn.com/soft/appid/10344.html。

● 从网上下载极点五笔 7.12，下载的软件放在 Windows 7 桌面上。网址是 http://down.
tech.sina.com.cn/page/9351.html。

（2）在 Windows 桌面上找到已下载的 WinRAR V5.0 文件，双击并按照出现的安装界面
提示，一步一步操作即可安装到计算机中。

（3）正确安装 WinRAR 后，双击 WinRAR 图标便可进入如图 2-8 所示的操作界面。

图 2-8　WinRAR 中文版的操作界面

（4）解压"极点五笔 7.12"压缩文件。要使用压缩文件，必须先将压缩文件进行解压，
对压缩文件进行解压的操作过程如下：

单击"文件"→"打开压缩文件"命令，选择某压缩文件，如从网上下载到桌面上的"极
点五笔 7.12"文件"Setup10th.zip"，再单击工具栏上的"解压到"按钮，WinRAR 弹出如
图 2-9 所示的"解压路径和选项"对话框。

图 2-9　"解压路径和选项"对话框

（5）在"解压路径和选项"对话框中，默认为解压到当前文件夹中，可选择或输入要解压缩到的文件夹。单击"确定"按钮后，文件被解压缩到目标文件夹中。

实验 2-3 安装"极点五笔 7.12"输入法。

极点五笔输入法全称为"极点中文汉字输入平台"，作者杜志民。极点五笔是一款完全免费的，以五笔输入为主，拼音输入为辅的中文输入软件。同时支持 86 版和 98 版两种五笔编码，全面支持 GBK：避免了以往传统五笔对于镕/堃/喆/玥/冇/啰……等汉字无法录入的尴尬。同时，极点五笔完美支持一笔、两笔等各种"型码"及"音型码"输入法，还有如下特色：

（1）五笔拼音同步录入：会五笔打五笔不会五笔打拼音，且不影响盲打；

（2）屏幕取词：随选随造，可以包含任意标点与字符；

（3）屏幕查询：在屏幕上选词后复制到剪贴板再按它就行了；

（4）在线删词：有重码时可以使用此快捷键删除不需要的词组；

（5）在线调频：当要调整重码的顺序时按此快捷键，同时也可选用自动调频；

（6）自动智能造词：首次以单字录入，第二次后即可以词组形式录入。

操作方法及步骤如下：

（1）在 Windows 7 桌面上，找到解压后的文件夹"Setup10th"，双击打开该文件夹。在该文件夹中双击极点五笔安装文件"setup10th.exe"。

（2）这时出现"极点五笔 7.12"安装界面，根据安装界面的提示，用户只需单击"下一步"按钮，就可顺利安装"极点五笔 7.12"输入法。安装完毕后，该输入法出现在 Windows 7 输入法 中。

（3）中文输入法的选择。将鼠标指向 Windows 操作系统任务栏的右下方通知区 （输入法）处，右击，这时弹出已安装的各种中英文输入法，如图 2-10 所示。根据需要，用户选择一种适合自己的中文输入法，如"极点五笔输入法"等（也可按 Ctrl+Shift 组合键，依次显示各种中文输入法）。

如图 2-11 所示，是"极点五笔输入法"浮动块。

图 2-10 选择中文输入法

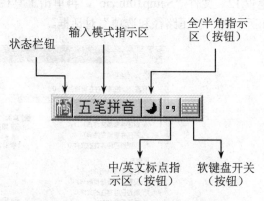

图 2-11 "极点五笔输入法"浮动块

在"极点五笔输入法"浮动块中，单击 按钮（或按下 Caps Lock 键），该按钮改变为 英文 ，表明这时用户可输入英文字母；单击 英文 按钮，极点五笔输入法可分别在 五笔拼音 、 拼音输入 和 五笔字型 输入法之间进行切换；单击 按钮（或按下 Shift+Space 组合键），该按钮改变为 ，表明这时用户输入的英文字母为一个汉字大小。单击 按钮（或按下 Ctrl+.键），该按钮改变为 （深色），表明这时用户可输入中文标点符号，反之为输入英文标点符号。右击█按钮，用户可选择输入常用符号，同时该按钮改变为深色█；右击█按钮，可对输入法进行相关的设置。

　　"极点五笔"界面支持换肤，所以指示符位置、形式不尽相同，可在切换皮肤后用鼠标浏览各按钮，极点五笔会弹出各按钮的简要说明。

　　如果按下快捷键 Ctrl+←，可以显示或隐藏"极点五笔输入法"浮动块。

　　实验 2-4　五笔字型输入法的练习。

　　"金山打字"软件提供了五笔字型输入法（包括五笔 86 版和 98 版，可在系统"选项"菜单中进行设置）的练习。方法是在图 2-1 中，单击"五笔打字"按钮，打开"五笔打字"功能界面，如图 2-12 所示。根据界面的提示，读者可进行相关的练习。

图 2-12　五笔字型－综合练习界面

　　实验 2-5　记事本（Notepad）的使用。

　　Windows 系统中的"记事本"是一个常用的文本编辑器，它使用方便、操作简单，在很多场合下尤其是在编辑源代码（如 ASP 源程序）时有其独特的作用。"记事本"打开及使用的方法如下：

　　（1）单击"开始"→"所有程序"→"附件"→"记事本"命令，打开"记事本"窗口。

　　（2）将下列英文短文录入到"记事本"中，短文如下：

The Role of The Mouse

"Mouse", Because of the shape of mouse named "mouse" (The mainland Chinese language, Hong Kong and Taiwan for the mouse). "Mouse" standard name should be "mouse", Its English name "Mouse", name: "rubber ball round transmission of the grating with light-emitting diode and phototransistor of wafer pulse signal converter" or "spot of infrared radiation scattering particles with light-emitting semiconductor and photoelectric sensors, sensor signal of the light pulse. " It appears to now have 40 years of history. The use of the mouse are operated in order to make the computer more convenient, to replace keyboard commands that cumbersome.

Mouse is a cursor position through the manual control equipment. System now commonly used keys are two or three button mouse. Operation of the mouse can do the following things: such as cursor position to determine, from the menu bar select the menu item to run in different directories to copy files between the mobile and to accelerate the speed of the mobile document. You can define mouse buttons, such as selection of objects or abandon. These functions depend

on the use of the software implementation.
Use the mouse to operate should be careful not correct to use the mouse will be damaged.

（3）文本输入完成后，单击"格式"→"字体"命令，打开"字体"对话框，如图 2-13 所示。

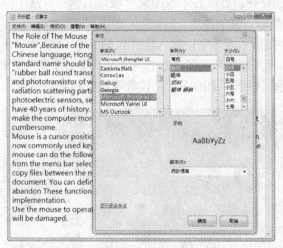

图 2-13　记事本－"字体"对话框

（4）选择字体为 Microsoft JhengHei UI，大小为 20，观察记事本窗口中文字内容的变化。

（5）单击"文件"菜单中的"保存"命令，打开"另存为"对话框，在"保存在"后面的下拉列表框中，选择一个目录（文件夹），如"Administrator"作为该文件保存的位置，然后在"文件名"文本框处输入 ywlx，单击"保存"按钮，则输入的内容就保存在文件 ywlx.txt 中。

（6）单击"文件"菜单中的"退出"命令，关闭"记事本"窗口。

实验 2-6　使用写字板（Wordpad）录入下面的汉字短文，并以文件名 zw.doc 存盘。

（1）单击"开始"→"运行"命令，打开"运行"对话框，然后在"打开"文本框处输入：Wordpad.exe，单击"确定"按钮，打开如图 2-14 所示的"写字板"窗口。

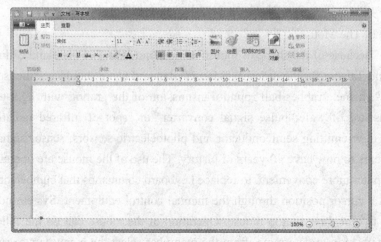

图 2-14　"写字板"窗口

（2）在"写字板"里输入下面的短文。

有关鼠标的英文表示

鼠标（mouse）是一种定位设备（pointing device），通常有两个按键（button）和一个滚动轮（scroll wheel）。其移动会影响显示器或监视器（display/monitor）上鼠标指针（cursor）的移动，从而对图形用户界面（GUI/graphical user interface）进行精确控制。使用鼠标通常需要安装驱动软件（driver software）。复数形式可以是 mouses 或 mice。

鼠标有机械的（mechanical），如滚球鼠标（ball mouse）【需要鼠标垫（mousepad）来进行更好的操作】；光学的（optical）；激光的（laser）；惯性的（inertial）；陀螺仪的（gyroscopic）；触觉的（tactile）和三维的（3D mouse/bat/flying mouse/wand）。其中 inertial 和 gyroscopic 的鼠标也叫 air mouse，不需要依靠一个平面来操作；有人将其翻译为'无线鼠标'，不对，因为无线鼠标一般叫 wireless mouse 或 cordless mouse，而有线鼠标则叫 cabled mouse 或 wired mouse。

鼠标指针的点击（click）【包括单击（single-click）、双击（double-click）和三击（triple-click）】或悬停（hover）可以选择文件（file）、程序（program）或操作（action），当然也可以通过图标（icon）来进行类似操作。常见鼠标动作有定位点击（point-and-click）、拖放（drag-and-drop）【压住（press）按键，移动到某个位置后释放（release）按键】等。

文本状态鼠标指针（text cursor）有时也叫 caret。它指示文本插入点（insertion point），可以是下划线（underscore）、实心长方形（solid rectangle）或竖直线（vertical line）的形状；可以闪烁（flashing/blinking）也可以不闪烁（steady）。

默认（default）鼠标指针因其形状也叫箭头（pointer），但可以改变为不同形状。文本状态（text mode）下，它是一个竖条（vertical bar），并且上下两端（top and bottom）带有小横条（crossbar），所以也叫 I-beam【工字钢】。显示文件状态下，它是五指伸开的手形（a hand with all fingers extended）。图形编辑指针状态（graphics-editing cursor）下，它可以是刷子（brush）、铅笔（pencil）或颜料桶（paint bucket）等形状。它在位于一个窗口（window）的边（edge）或角（corner）时可以变成水平（horizontal）、垂直（vertical）或对角线（diagonal）的双箭头（double arrow）形状，指示（indicate）用户通过拖动来改变窗口大小和形状。

等待状态的指针（wait cursor）在 Windows 状态下是沙漏（hourglass），而在 Vista 和 Windows 7 状态下是旋转环（spinning ring）。在超链接（hyperlink）上指针变作食指伸出的手形（a hand with an outstretched index finger）。通常还会跳出（pop up）一个工具提示框（tooltip/infotip）来显示信息文本（informative text）。而鼠标悬停宏（mouseover/hover box）则可以在悬停其上时显示内容，这时鼠标要静止不动（stationary）。鼠标指针的热点（hotspot）则指用来点击的像素（pixel），比如箭头的尖端。指针还可以带拖曳轨迹（trails）或动画（animation），用来提高其可视性（visibility）。

（3）短文输入完毕后，按下 Ctrl+S 组合键，打开"另存为"对话框，在"文件名"文本框中输入要保存文档的文件名：zw.doc，单击"保存"按钮，程序将该短文以 Word 文档格式存盘。

思考与综合练习

（1）在"写字板"程序中，如何将实验 2-6 的存盘文件另存为文件名：中文.txt。

（2）使用"记事本"程序，输入下面的一段文本，将其以文件名"我的网页.htm"保存到图 1-10 中的 Windows 文件夹中。

```
<html>
    <head>
        <title>欢迎来到梦之都</title>
    </head>
    <body>
        <p>这是我的第一个网页，在这里
            <a href="http://www.dreamdu.com/xhtml/">
                尽情学习使用 SharePoint Designer 2010 制作网页吧!
            </a>
        </p>
    </body>
</html>
```

（3）在 Windows 7 桌面上双击 Internet Explorer 图标，在浏览器地址栏处输入"C:\Users\Administrator\Desktop\我的文件夹\Windows\我的网页.html"，并按下回车键，观察效果。

（4）当使用"写字板"完毕后，若直接按正常步骤关机，会出现什么情况？如何处理？

第 2 章　Windows 7 操作系统

实验三　Windows 7 的基本操作

实验目的

（1）熟悉鼠标的基本操作、鼠标各种指示箭头符号及其含义。

（2）了解图标的概念以及对图标的各种操作。

（3）理解窗口的概念，熟悉窗口的种类，掌握对窗口的各种操作。

（4）学会使用剪贴板。

实验内容与操作步骤

实验 3-1　桌面的基本操作。

（1）通过鼠标拖拽添加一个新图标。

单击"开始"按钮，在弹出的"开始"菜单中选择"所有程序"，在展开的菜单中，将鼠标指向 Microsoft Office 程序项目组中的 P Microsoft PowerPoint 2010 命令。按住 Ctrl 键的同时，按下鼠标左键拖拽该图标至桌面，松开左键可在桌面上添加一个图标。

（2）使用"新建"菜单添加新图标。

在桌面任一空白处右击，在弹出的快捷菜单中选择"新建"命令，然后在子菜单中选择所需对象的方法来创建新对象，如创建"记事本"程序的快捷方式。

（3）图标的更名。

选择上面建立的新图标，右击，在弹出的快捷菜单中选择"重命名"命令，重新命名一个新名称即可。

（4）删除前面新建的图标。

将鼠标指向前面建立的 Microsoft PowerPoint 图标并右击，在弹出的快捷菜单中选择"删除"命令（或将该对象图标直接拖到"回收站"）。

（5）排列图标。

右击桌面，在弹出的快捷菜单中选择"查看"，观察下一层菜单中的"自动排列图标"是否起作用（即该命令前是否有"√"标记），若没有，单击使之起作用；移动桌面上某图标，观察"自动排列"如何起作用；右击桌面，调出桌面快捷菜单中的"排序方式"菜单项，分别按"名称"、"大小"、"项目类型"、"修改日期"排列图标；取消桌面的"自动排列图标"方式。

实验 3-2　使用任务栏上的"开始"按钮和工具栏浏览计算机。

（1）通过"开始"→"文档"命令打开库中的"我的文档"文件夹；再通过"开始"→"音乐"命令打开库中的"音乐"文件夹，观察任务栏上"Windows 资源管理器"图标是否有重叠现象的变化。

（2）通过"开始"→"所有程序"→"附件"→"记事本"命令，打开"记事本"应用程序窗口，当前窗口为记事本，此时对应图标发亮。

（3）通过单击任务栏上的图标，在"记事本"窗口和"Windows 资源管理器"窗口间切换。

（4）通过单击任务栏上最右侧的"显示桌面"▊按钮，快速最小化已经打开的窗口并在桌面之间切换。

实验 3-3　使用 Windows 帮助系统。

（1）单击"开始"→"帮助和支持"命令或"计算机"、"网络"等窗口中的"帮助"菜单命令（或直接按下 F1 功能键）打开"Windows 帮助和支持"窗口，如图 3-1 所示。

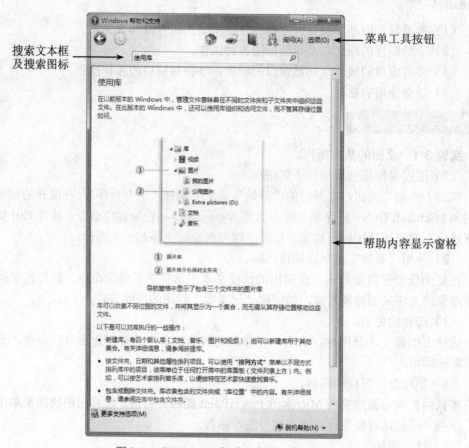

图 3-1　"Windows 帮助和支持"窗口

（2）选择一个帮助主题。该方式会采用 Web 浏览方式为用户全面介绍 Windows 7 的功能特点。

（3）单击"Windows 帮助和支持"窗口右上角的"浏览帮助"按钮▊，这时帮助内容显示窗格中列出了相关的帮助主题，选择一个主题。Windows 7 允许用户边操作边获得即时的帮助，引导用户一步一步完成各种任务。

（4）显示提示性帮助信息。这时可将鼠标指向某一对象，稍等一会，系统就会显示出该对象的简单说明。

（5）"搜索"文本框，通过在文本框内输入关键字获取帮助信息。本实验要求输入关键字"Windows 资源管理器",然后单击"搜索帮助"按钮 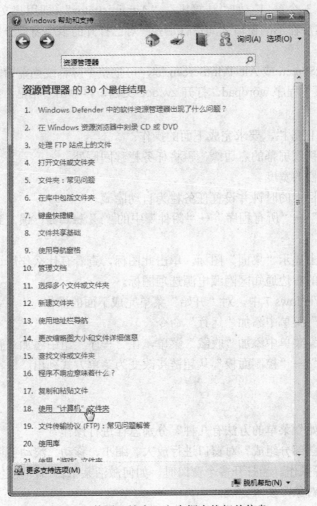,查找有关"资源管理器"的帮助信息,如图 3-2 所示,有关信息出现在"Windows 帮助和支持"窗口的"帮助内容显示窗格"中。

图 3-2 使用"搜索"文本框查找相关信息

在 Windows 7 中,对话框右上角通常有一个"问号"按钮。单击该按钮后,系统也可以打开"Windows 帮助和支持"窗口并获得帮助。

实验 3-4 在 Windows 7 中,对窗口进行操作,要求如下:

(1) 双击"计算机"图标,打开"计算机"窗口,观察图标、、、和,理解这些图标的含义。

(2) 在"计算机"窗口中移动一个或多个图标后,仔细观察图标和窗口的变化;打开"查看"菜单(或使用"常用"工具栏中的 按钮),分别选择"超大图标"、"中等图标"、"列表"、"详细信息"、"平铺"和"内容"菜单项,观察窗口内图标的变化。

(3) 用"计算机"窗口右上角的最大化、最小化、还原和关闭窗口按钮来改变窗口的状态。

(4) 用控制菜单打开、最大化、还原、最小化和关闭窗口。

(5) 用拖动的方法调节窗口的大小和位置。

（6）选定一个文件夹，对其进行复制、重命名、删除以及恢复等操作。

（7）用"开始"菜单中的"搜索结果"窗口打开一个应用程序，如 Windows 资源管理器 explorer.exe。

（8）同时打开 3 个窗口，如"计算机"、"Administrator"（即用户文件夹）、"回收站"，并把它们最小化。然后在不同窗口之间进行切换；对已打开的多个窗口分别按层叠、横向平铺和纵向平铺排列。

（9）按下 PrintScreen 或 Alt+PrintScreen 键，可把整个屏幕或当前窗口复制到剪贴板中。然后，运行"写字板"程序 wordpad，打开 zw.doc 文档，再单击"粘贴"按钮，看一下有什么效果出现。

实验 3-5　设置任务栏，要求完成下面的操作：

（1）将任务栏移到屏幕的右边缘，再将任务栏移回原处。

（2）改变任务栏的宽度。

（3）取消任务栏上的时钟并设置任务栏为自动隐藏。

（4）将"开始"→"所有程序"→"附件"中的"　计算器"锁定到任务栏，然后再从任务栏中解锁。

（5）在任务栏上显示"桌面"图标，单击此图标，查看有什么作用。

（6）在任务栏的右边通知区隐藏电源选项图标。

实验 3-6　在 Windows 7 中，对"开始"菜单完成下面的操作：

（1）在"开始"菜单中添加"运行"命令。

（2）在"开始"菜单中添加"收藏"菜单，在"程序"组中添加"管理工具"子菜单。

（3）将"开始"→"控制面板"从超链接改变为菜单方式列出。

思考与综合练习

（1）打开"开始"菜单的方法有几种？分别怎样进行操作？

（2）窗口由哪些部分组成？对窗口进行放大、缩小、移动、滚动窗口内容、最大化、恢复、最小化、关闭等操作。当打开多个窗口时，如何激活某个窗口，使之变成活动窗口？

（3）建立桌面对象，要求完成：

1）通过快捷菜单在桌面上为"Windows 资源管理器"建立快捷方式；

2）在桌面上建立名为 myfile.txt 的文本文件和名为"我的数据"的文件夹；

3）使用拖拽（复制）方法在桌面上建立查看 C 盘资源的快捷方式；

4）在"Administrator"（即用户文件夹）里利用快捷菜单中的"发送到"命令，在桌面上建立可以打开文件夹 My Documents 的快捷方式。

（4）桌面对象的移动和复制，要求完成：

1）将上题在桌面上建立的"Windows 资源管理器"快捷方式移动到"我的数据"文件夹内；

2）采用 Ctrl 键加鼠标拖拽操作，将桌面上的文件 myfile.txt 复制到"我的数据"文件夹内。

（5）要求完成以下对文件或文件夹的操作：

1）设置 Windows，在文件夹中显示所有文件和文件夹；

2）在桌面上选择一个文件或文件夹，改变其图标。

实验四　文件与文件夹的操作

实验目的

（1）熟练掌握"计算机"与"Windows 资源管理器"的使用。

（2）掌握对文件（夹）的浏览、选取、创建、重命名、复制、移动和删除等操作。

（3）掌握文件和文件夹属性的设置。

（4）掌握在 Windows 中如何搜索文件（夹）。

（5）掌握"回收站"的使用。

实验内容与操作步骤

实验 4-1　"计算机"窗口的使用。

（1）"计算机"窗口的打开。

打开窗口的方法有两种：一是在桌面上双击"计算机"图标；二是将鼠标指向"计算机"图标并右击，在弹出的快捷菜单中选择"打开"命令。

（2）浏览磁盘。

将鼠标指向 C 盘，双击打开，此时在"计算机"窗口右窗格中显示 C 盘的对象内容，再将鼠标指向文件夹 Program Files，双击打开。

打开工具栏中的"组织"列表框，执行"布局"选项中的"预览窗格"命令（或单击栏右侧的"显示预览窗格"按钮□），观察窗口的显示方式。

（3）分别单击"地址栏"左侧的"后退"按钮 和"前进"按钮 ，观察窗口的显示内容。

实验 4-2　"Windows 资源管理器"窗口的使用。

（1）"Windows 资源管理器"窗口的打开。

打开窗口的常见方法有 4 种：①依次单击"开始"→"所有程序"→"附件"→"Windows 资源管理器"命令；②右击"开始"菜单，在弹出快捷菜单中选择"打开 Windows 资源管理器"命令；③单击"开始"→"运行"命令，在弹出的"运行"对话框中的"打开"文本框处输入 explorer，然后按下 Enter 键即可；④按下键盘上的快捷键 +E。

（2）调整左右窗格的大小。

将鼠标指针指向左右窗格的分隔线上，当鼠标指针变为水平双向箭头↔时，按住鼠标左键左右移动即可调整左右窗格的大小。

（3）展开和折叠文件夹。

单击"计算机"前的空白三角"▷"图标或双击"计算机"，将其展开，此时空白三角▷图标变成了斜实心三角◢图标。在左窗格中，单击"本地磁盘（C:）"前的空白三角▷图标或双击"本地磁盘（C:），将展开磁盘 C。在左窗格（即导航窗格）中，单击文件夹"Windows"前的空白三角▷图标或双击名称"Windows"，将展开文件夹"Windows"。

单击斜实心三角◢图标或将光标定位到该文件夹，按键盘上的"←"键，可将已展开的内容折叠起来。如单击"Windows"前的斜实心三角◢图标也可将该文件夹折叠。

（4）打开一个文件夹。

将当前文件夹打开的方法有 3 种：①双击或单击"导航窗格"中的某一文件夹图标；

②直接在地址栏中输入文件夹路径，如 C:\Windows，然后按 Enter 键确认；③单击"地址栏"左侧的"后退"按钮、"前进"按钮，可切换到当前文件夹的上一级文件夹。

实验 4-3　使用"Windows 资源管理器"窗口选定文件（夹）。

（1）选定文件（夹）或对象。

在"Windows 资源管理器"窗口导航窗格中，依次单击"本地磁盘（C:）"→Windows→Media，此时 Media 文件夹的内容将显示在"Windows 资源管理器"窗口的右窗格中。

（2）选定一个对象。

将鼠标指向文件"Windows 登录声.wav"图标上，单击即可选定该对象。

（3）选定多个连续对象。

单击"查看"菜单中的"列表"命令，将 Media 文件夹下的内容对象以列表形式显示在右窗格中，单击选定"Windows 登录声.wav"，再按住 Shift 键，然后单击要选定的"Windows 通知.wav"，再释放 Shift 键，此时可选定两个文件对象之间的所有对象；也可将鼠标指向显示对象窗格中的某一空白处，按下鼠标左键拖拽到某一位置，此时鼠标指针拖出一个矩形框，矩形框交叉和包围的对象将全部被选中。

（4）选定多个不连续对象。

在 Media 文件夹中，单击要选定的第一个对象，再按住 Ctrl 键，然后依次单击要选定的对象，再释放 Ctrl 键，此时可选定多个不连续的对象。

（5）选定所有对象。

单击"编辑"菜单中的"全部选定"命令，或按下 Ctrl+A 组合键，可将当前文件夹下的全部对象选中。

（6）反向选择对象。

单击"编辑"菜单中的"反向选择"命令，可以选中此前没有被选中的对象，同时取消已被选中的对象。

（7）取消当前选定的对象。

单击窗口中任一空白处，或按键盘上的任意一个光标移动键即可。

实验 4-4　文件（夹）的创建与更名。

操作方法及步骤如下：

（1）打开"计算机"或"Windows 资源管理器"或 Administrator 文件夹中的"我的文档"窗口。

（2）选中一个驱动器盘号（这里选择"本地磁盘（C:）"），双击打开该驱动器窗口。

（3）单击"文件"菜单中的"新建"命令，然后再在下一级菜单中选择要新建的文件类型或文件夹，如图 4-1 所示。

要创建一个空文件夹，也可在"计算机"窗口的工具栏中单击"新建文件夹"命令按钮，即可创建一个文件夹。

（4）文件（夹）的重命名：单击选定要重命名的文件（夹），单击"文件"菜单中的"重命名"命令，这时在文件（夹）名称框处出现一个不断闪动的竖线，即插入点，直接输入新的文件（夹）名称，如 Mysite，然后按下 Enter 键或在其他空白处单击即可。

要为一个文件（夹）进行重命名，还有以下几种方法。①将鼠标指向需要重命名的文件（夹）右击，在弹出的快捷菜单中选择"重命名"命令；②将鼠标指向文件（夹）名称处，单击选中该文件（夹）名称后再单击，可进行重命名；③选中需要重命名的文件后，直接按下

F2 功能键，也可进行重命名。

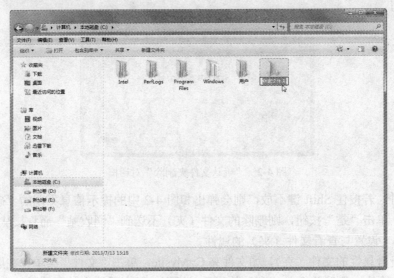

图 4-1　新建一个文件或文件夹

实验 4-5　文件（夹）的复制、移动与删除。

复制文件（夹）的方法有：

（1）选择要复制的文件（夹），如 C:\Mysite，按住 Ctrl 键拖拽到目标位置如 D 盘即可完成复制。

（2）选择要复制的文件（夹），按住鼠标右键并拖拽到目标位置，松开鼠标，在弹出的快捷菜单中单击"复制到当前位置"命令即可。

（3）选择要复制的文件（夹），单击"编辑"菜单中的"复制"命令（或右击，在弹出的快捷菜单中选择"复制"命令；也可直接按 Ctrl+C 快捷键），然后定位到目标位置，单击"编辑"菜单中的"粘贴"命令（或右击，在弹出的快捷菜单中选择"粘贴"命令，或直接按 Ctrl+V 快捷键）。

使用"编辑"菜单中的"复制到文件夹"或"移动到文件夹"命令，也可进行复制或移动的操作。

移动文件（夹）的方法如下：

（1）选择要移动的文件（夹），如 C:\Mysite，单击"编辑"菜单中的"剪切"命令（或右击鼠标，在弹出的快捷菜单中选择"剪切"命令；也可按 Ctrl+X 快捷键）；然后定位到目标位置，单击"编辑"菜单中的"粘贴"命令（或右击，在弹出的快捷菜单中选择"粘贴"命令；或直接按 Ctrl+V 快捷键）。

（2）在"计算机"或"Windows 资源管理器"窗口中，执行"编辑"菜单中的"移动到文件夹"命令，在弹出的"移动项目"对话框中，选择要移动到的目标文件夹位置，单击"移动"按钮。

删除文件（夹）的方法有：

（1）选择要删除的文件（夹），如 C:\Mysite，直接按 Delete（Del）键。

（2）选择要删除的文件（夹），右击，在弹出的快捷菜单中单击"删除"命令。

（3）选择要删除的文件（夹），单击"文件"菜单或"组织"按钮中的"删除"命令。

执行上述命令或操作后，在弹出的如图 4-2 所示的"确认文件（夹）删除"对话框中，单击"是"按钮。

图 4-2 "确认文件夹删除"对话框

在删除时，若按住 Shift 键不放，则会弹出和图 4-2 中的提示信息不同的"确认文件夹删除"对话框，单击"是"按钮，则删除的文件（夹）不送到"回收站"而直接从磁盘中删除。

实验 4-6 设置与查看文件（夹）的属性。

选定要查看属性的文件（夹），如文件夹 C:\Mysite，单击"文件"菜单，在展开的菜单中选择"属性"命令，则弹出文件（夹）的属性对话框，可查看该文件夹的属性。

双击打开 C:\Mysite，右击，在弹出的快捷菜单中单击"新建"命令，在下一级级联菜单中选择"Microsoft Word 文档"，建立一个空白的 Word 文档；单击该新建文档并右击，在弹出的快捷菜单中选择"属性"命令，打开该文件的属性对话框，观察此文件的各种属性。

实验 4-7 搜索窗口的打开。

打开搜索窗口的方法有：

（1）打开"计算机"或"Windows 资源管理器"窗口，单击窗口左侧导航窗格要搜索的磁盘或文件夹，然后再在窗口右上方的"搜索框"中输入要搜索的文件或文件夹名称，单击"搜索"按钮 🔍，系统弹出搜索列表，选择一个已有的条件，系统即可开始进行搜索，如图 4-3 所示。

注：在"搜索框"中，可以设置合适的条件进行搜索。

1）文件名可使用通配符"*"和"？"来帮助进行搜索。其中，"*"表示代替文件名中任意长的一个字符串；"？"表示代替一个单个字符。

2）在"搜索框"中用户还可添加"修改日期"或"大小"作为筛选条件（器），以进行精确的搜索。

（2）按下快捷键 ⊞+F，可打开"搜索结果"窗口，然后进行搜索，例如查找"本地磁盘（C:）"中的文件夹"Mysite"，其搜索结果如图 4-3 所示。

实验 4-8 "回收站"的使用。

打开"回收站"的方法有：

1）双击桌面上的"回收站"图标 🗑/🗑。

2）右击桌面上的"回收站"图标，在弹出的快捷菜单中选择"打开"命令。

（1）还原文件（夹）。可按下面的方法还原已删除的某文件（夹）：

1）在"回收站"窗口中，选中要还原的文件或文件夹。

2）单击"文件"菜单下的"还原"命令，或右击，执行快捷菜单中的"还原"命令。

要彻底删除一个或多个文件（夹），可以在"回收站"中选择这些文件（夹），右击，在弹出的快捷菜单中选择"删除"命令。

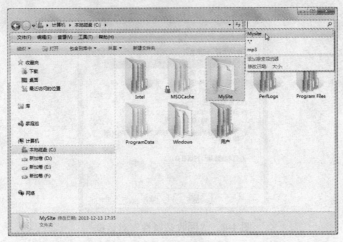

（a）设置搜索条件

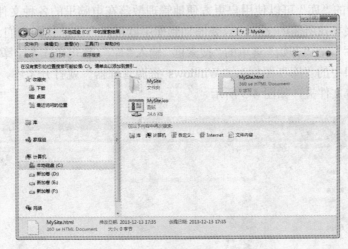

（b）搜索结果

图 4-3　利用"搜索框"进行查找

（2）清空"回收站"的操作方法有：

1）单击"文件"菜单中的"清空回收站"命令。

2）在"回收站"窗口的空白处右击，在弹出的快捷菜单中选择"清空回收站"命令。

3）在桌面上右击"回收站"图标，在弹出的快捷菜单中选择"清空回收站"命令。

实验 4-9　"回收站"的属性设置。

（1）在桌面上右击"回收站"图标，在弹出的快捷菜单中选择"属性"命令，即可出现"回收站属性"对话框，如图 4-4 所示。

（2）在"回收站属性"对话框中，可以通过调整回收站所占磁盘空间的大小来设置回收站存放删除文件的空间。

（3）勾选"显示删除确认对话框"复选框，则在用户做删除操作时出现提示对话框，否则不出现提示对话框。

（4）单击选中"不将文件移到回收站中。移除文件后立即将其删除"，则用户执行删除操作时将文件直接进行彻底删除操作。

图 4-4　"回收站属性"对话框

实验 4-10　库的使用。

Windows 7 中的"库"可以使用户更方便地管理散落在电脑里的各种文件，日后再也不必打开层层的文件夹寻找所需的文件，只要添加到库中就可以方便地找到它们。

（1）打开"库"。在"开始"菜单的"搜索框"输入"库"（也可单击"计算机"或"Windows 资源管理器"窗口中的"库"图标），"Windows 资源管理器"就打开了库，里面有文档、音乐、图片、视频等文件夹，如图 4-5 所示。

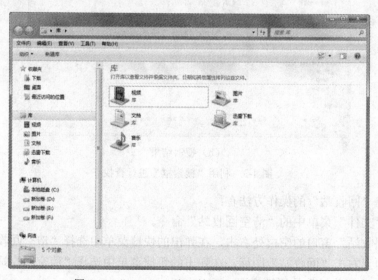

图 4-5　"Windows 资源管理器"窗口中的库

（2）将文件（夹）添加到库。

要将文件（夹）添加到库中，有下面几个方法：

右击想要添加到库的文件夹，选择快捷菜单中的"包含到库中"，再选择包含到哪个库中，如图 4-6 所示。

如果你要添加的文件夹已经打开，可以在工具栏中单击 包含到库中▾ 按钮，再选择要添加到哪个库。

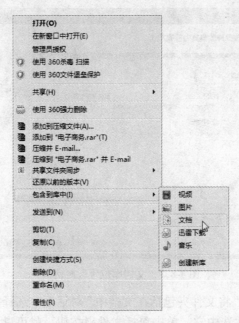

图 4-6　快捷菜单

（3）建立新"库"。可以在"库"文件夹上单击工具栏中的 新建库 按钮新建库，也可以右击，执行快捷菜单中的"新建"→"库"命令，新库建立后重新命名就可以了。

如果某个库不需要了，则可将其删除。删除的方法与删除文件（夹）相同。

（4）添加网络共享文件夹到库中。

操作方法及步骤如下：

1）将文件夹关联到库中，只需简单操作，就可以实现。除了关联本地文件夹外，还可以关联网络或家庭组中他人共享的文件夹到本机的库中，访问起来更加方便。打开需要建立关联的库，本例使用"文档"库。单击"位置"链接处，如图 4-7 所示。

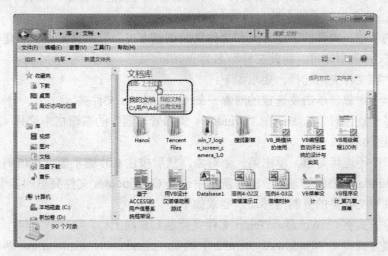

图 4-7　打开需要建立关联的库

2）在弹出的窗口中列出了目前该库中关联的文件夹及其路径，单击位置右侧的"添加"按钮，如图 4-8 所示。

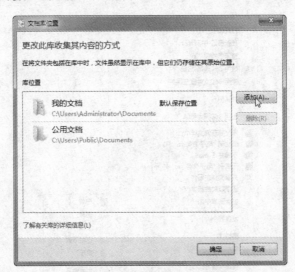

图 4-8 "文档库位置"对话框

3）接着在随后出现的"将文件夹包括在文档中"对话框中选择家庭组或网络中的计算机，找到其共享的库或文件夹并选中它，单击包括文件夹按钮，就可以了。

添加共享的库或文件夹时，需要注意两点：

①通过家庭组访问对方的计算机时，可以看到对方共享的库，如果通过网络访问他人的计算机，将只能看到共享库中的文件夹和文件。

②如果需要将对方共享的库关联到你的计算机中，则必须通过访问家庭组进行关联。

思考与综合练习

（1）文件和文件夹的创建。要求如下：

1）文件夹的创建：打开"Windows 资源管理器"窗口，单击希望创建文件或文件夹所在的驱动器或文件夹，如：U 盘。在"文件"菜单上选择"新建"命令，然后单击"文件夹"，将该文件夹名改为自己喜欢的名称，如 myfolder。

2）文件的创建：文件的创建方式和文件夹的创建方式类似，只需在"新建"菜单中选择你所要创建的文件类型即可。将此文件命名为 myfile。

（2）文件和文件夹的选择。要求如下：

1）选定单个对象。单击要选定的对象，如 C:\Windows 文件夹。

2）选定多个连续对象。如：在"Windows 资源管理器"的右窗格中选择 C:\Windows 文件夹里的多个连续对象。

3）选定多个不连续对象。单击第一个对象，然后按住 Ctrl 键不放，单击剩余的每一个对象，如：在"Windows 资源管理器"的右窗格中选择 C:\Windows 文件夹里的多个不连续对象。

（3）文件和文件夹的复制与移动，要求如下：

1）用命令方式将 C:\Windows\Temp 文件夹复制到桌面上。

2）用拖拽方式将 C:\Windows\system32 中的 command.com、explorer.exe 两个文件复制到 A 盘文件夹 myfolder 中。打开该文件夹，并将该文件夹中的两个文件选定。

3）移动文件和文件夹：将 A 盘文件夹 myfolder 中的两个已选定的文件移动到"我的文档"文件夹中。

4）文件和文件夹的删除与恢复。将"我的文档"文件夹中的 command.com、explorer.exe 两个文件选定后，并按下 Delete 键进行删除。

（4）现有文件夹结构，如图 4-9 所示（本题所用文件夹及各类文件，请读者自建）。

要求完成以下操作：

1）将文件夹下 FAMILY 文件夹中的文件夹 SMITH.DBT 设置为隐藏和存档属性。

2）将文件夹下 ICEFISH 文件夹中的文件 LIUICE.NDX 移动到文件夹下的 HOTDOG 文件夹中，并将该文件改名为 GUSR.FIN。

3）将文件夹下的 SISTER\BROTHER 文件夹中的文件夹 COUPLE.CAT 删除。

4）在文件夹下的 REQUARY 文件夹中建立一个新文件夹 SLASH。

图 4-9　第 4 题图

5）将文件夹下 UNIT\FMT 文件夹中的文件 SMALL.BIG 复制到文件夹下 LOXWP 文件夹中。

（5）搜索文件（夹）。查找 C 盘上扩展名为.sys 的文件；查找 D 盘上"上次访问时间"在前 1 个月的所有文件和文件夹。

实验五　磁盘管理与几个实用程序

实验目的

（1）磁盘的格式化与使用。

（2）掌握利用磁盘扫描程序来扫描和修复磁盘错误。

（3）掌握利用磁盘碎片整理程序来整理磁盘空间。

（4）熟练掌握 Windows Media Player（媒体播放器）和画图程序的使用方法。

（5）学会使用剪贴板查看程序以及程序的应用方法。

（6）掌握计算器工具的使用方法。

实验内容与操作步骤

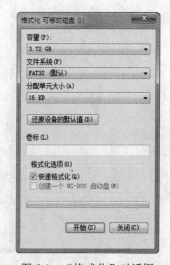

实验 5-1　格式化一张 U 盘。

操作方法及步骤如下：

（1）打开"计算机"或"Windows 资源管理器"窗口，选择将要进行格式化的磁盘盘符，这里选择"可移动磁盘"。

（2）单击"文件"菜单（或"组织"列表框）中的"格式化"命令（或右击，在弹出的快捷菜单中选择"格式化"命令），打开"格式化"对话框，如图 5-1 所示。

（3）在如图 5-1 所示的"格式化"对话框中，确定磁盘的容量大小、设置磁盘卷标名（最多使用 11 个合法字符）、确定格式化选项（如：快速格式化），格式化设置完毕后，单击

图 5-1　"格式化"对话框

"开始"按钮，开始格式化所选定的磁盘。

实验 5-2　利用实验 5-1 已格式化的 U 盘，完成下面的操作内容：

1）建立一级子文件夹 WJ1、二级子文件夹 WJ11 和 WJ12；

2）打开二级文件夹 WJ12，将 C:\Windows\system32\format.com 复制到该文件夹下；

3）将 format.com 文件重命名为 format.exe。

操作方法及步骤如下：

（1）打开"计算机"或"Windows 资源管理器"窗口，选择 U 盘并双击。

（2）单击"文件"菜单中的"新建"命令，在随后出现的菜单中单击"文件夹"命令。

（3）这时 U 盘空白处出现新建文件夹，将新建文件夹重新命名为 WJ1。

（4）双击文件夹 WJ1，打开该文件夹，右击，在弹出的快捷菜单中依次单击"新建"→"文件夹"，新建两个子文件夹 WJ11 和 WJ12。

（5）双击文件夹 WJ12，打开该文件夹，将文件夹窗口最小化。

（6）再次打开"计算机"或"Windows 资源管理器"窗口，依次双击 C: →Windows→system32，并找到文件 format.com。

（7）右击文件 format.com，在弹出的快捷菜单中选择"复制"命令。

（8）单击任务栏中的文件夹"WJ12"图标，在随后出现的 WJ12 窗口中右击，在出现的快捷菜单中单击"粘贴"命令，这时文件 format.com 就复制到该处。

（9）选择 format.com 文件，单击"文件"菜单中的"重命名"命令，将文件 format.com 更名为 format.exe。

实验 5-3　查看实验 5-1 所用磁盘的属性，并将该磁盘卷标命名为 mydisk1。

操作方法及步骤如下：

（1）打开"计算机"或"Windows 资源管理器"窗口，选择要查看属性的磁盘盘符（如可移动磁盘 H:）。

（2）单击"文件"菜单（或"组织"列表框）中的"属性"命令（或右击，在弹出的快捷菜单中选择"属性"命令），打开"可移动磁盘属性"对话框，如图 5-2 所示。

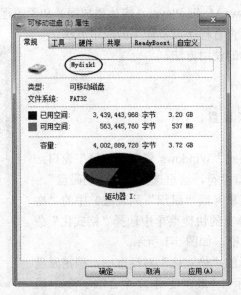

图 5-2　"可移动磁盘属性"对话框

（3）在"可移动磁盘属性"对话框中，可以详细地查看该磁盘的使用信息，如磁盘的已用空间、可用空间及文件系统的类型等。

（4）单击卷标名文本框处，输入卷标名 mydisk1。

实验 5-4　使用磁盘清理程序。

操作方法及步骤如下：

（1）单击"开始"按钮，依次指向"所有程序"→"附件"→"系统工具"→"磁盘清理"命令，系统弹出"选择驱动器"对话框。

（2）单击"驱动器"右侧的下拉列表框，选择一个要清理的驱动器盘符，如 C:，单击"确定"按钮。

（3）接下来，打开"磁盘清理"对话框。在该对话框中，选择要清理的文件（夹）。如果单击"查看文件"，可以查看文件中的详细信息。

（4）单击"确定"按钮，系统弹出磁盘清理确认对话框，单击"是"按钮，系统开始清理并删除不需要的垃圾文件（夹）。

实验 5-5　使用磁盘碎片整理程序整理自己的磁盘。

操作方法及步骤如下：

（1）单击"开始"按钮，依次指向"所有程序"→"附件"→"系统工具"→"磁盘碎片整理程序"命令，系统弹出如图 5-3 所示的"磁盘碎片整理程序"窗口。

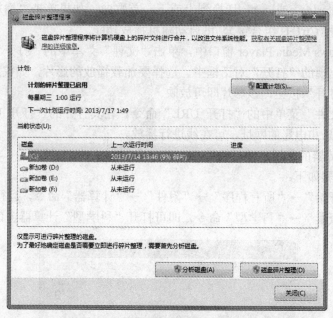

图 5-3　"磁盘碎片整理程序"窗口

（2）选中要分析或整理的磁盘，如选择 D 盘，单击"磁盘碎片整理"按钮，系统开始整理磁盘。

实验 5-6　Windows Media Player（媒体播放器）的使用。

操作方法及步骤如下：

（1）单击"开始"→"所有程序"→Windows Media Player 命令，系统打开如图 5-4 所示的 Windows Media Player 播放器窗口（实际上打开 Windows Media Player 播放器最简单的方

法是单击任务栏中的 Windows Media Player 图标 ）。

图 5-4   Windows Media Player 播放器窗口

（2）在 Windows Media Player 窗口中，单击"文件"菜单中的"打开"命令，加载要播放的一首或多首歌曲，如赵咏华—最浪漫的事。

（3）按住鼠标左键，移动窗口底部的音量滑块━━━●━━调节音量大小。

（4）单击按钮 ◄◄◄ 或 ►►► 切换到上或下一首歌曲。如果单击"播放"菜单中的"无序播放"命令（或按 Ctrl+H 组合键），可启动随机播放功能。

（5）在 Windows Media Player 窗口中，单击"文件"菜单中的"打开"命令。

（6）在随后出现的"打开"对话框中，选择要加载播放的影片，如奴隶。

（7）单击"打开"按钮，该影片即可放映。

（8）单击"文件"菜单中的"打开 URL"命令。在其打开的"打开 URL"对话框中，正确填写要播放音乐和电影的网址，可在线进行播放。

实验 5-7   计算器的使用。

操作方法及步骤如下：

（1）单击"开始"→"所有程序"→"附件"→"计算器"命令，运行"计算器"程序。

（2）单击"查看"→"科学型"命令，即可打开"科学型"计算器窗口，如图 5-5 所示。

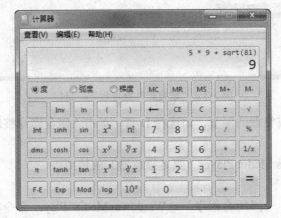

图 5-5   "科学型"计算器窗口

（3）执行简单的计算。利用"标准型"或"科学型"计算器做一个简单的计算时，如 4*9+15，方法是：输入计算的第一个数字 4；单击"*"按钮执行乘法运算；输入计算的下一个数字 9；输入所有剩余的运算符和数字，这里是+15；单击"="按钮，得到结果为 51。

（4）执行统计计算。利用"统计信息"计算器可以做统计计算，如计算 1+2+3+...+10=?，方法是：单击"查看"菜单中的"统计信息"命令，计算器的界面如图 5-6 所示。接下来，输入首段数据 1；然后单击 Add 按钮，将该数字添加到界面上方的"数据集"区域；依次键入其余的数据，每次输入之后单击 Add 按钮。

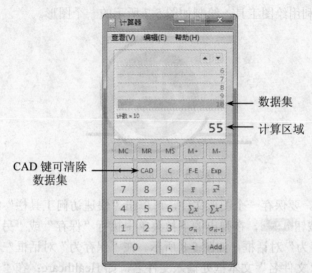

图 5-6　"统计信息"计算器窗口

单击 $\bar{x}$ 、Σx 、σ_n 和 σ_{n-1} 等按钮，可以求出连加的平均值为 5.5，和为 55，标准差为 2.87，样本标准差为 3.03。

（5）单击"编辑"菜单中的"复制"命令（或按 Ctrl+C 组合键），可将计算结果保存在剪贴板中，以备将来其他程序使用。

（6）请利用计算器将下列数学式子计算出来并将结果填入空中：

- $\cos\pi + \log 20 + (5!)^2 = （\qquad）$

- $(4.3 - 7.8)\times 2^2 - \dfrac{3}{5} = （\qquad）$

- $\left[1\dfrac{1}{24} - \left(\dfrac{3}{8} + \dfrac{1}{6} - \dfrac{3}{4}\right)\times 24\right] \div 5 = （\qquad）$

实验 5-8　将当前屏幕内容复制到剪贴板，利用剪贴板查看器观察复制结果。

操作方法及步骤如下：

（1）打开一个窗口，如"计算机"，按 PrintScreen 键，复制桌面图像到剪贴板中；如果按下 Alt+PrintScreen 组合键，则可将当前窗口图像，如"计算机"窗口复制到剪贴板中。

（2）依次单击"开始"→"所有程序"→"附件"→"写字板"命令，打开"写字板"程序窗口。

（3）单击"主页"选项卡上"剪贴板"组中的"粘贴"按钮，这时文档中出现被抓取的窗口界面图形。

实验 5-9　使用画图程序，画出如图 5-7 所示的 Healthcare 标志。

操作方法步骤如下：

（1）执行"开始"→"所有程序"→"附件"→"画图"命令，打开画图程序窗口。

（2）调整画图工作区大小。将鼠标移动到右、下或右下角处，指针变为"↔"、"↕"或"↘"，按住鼠标左键不动，拖动即可改变画布的大小。

（3）改变前景和背景颜色。单击某种颜色栅格，该颜色出现在调色板左边的颜色选择框内，这个颜色为前景色；右击某种颜色，该颜色则出现在背景色框中。

（4）绘制图形。利用绘图工具，绘制如图 5-7 所示的一个图形。

图 5-7　Healthcare

（5）图形的保存。要保存一个图形文件，可单击"快速访问工具栏"中的"保存"按钮、或单击"画图"按钮，在弹出的下拉菜单中执行"保存"或"另存为"中的任一个命令，这时打开"保存为"对话框，如图 5-8 所示。在"保存为"对话框左侧导航窗格中选择图片保存的位置；在"文件名"文本框处输入文件名，如 Healthcare；在"保存类型"下拉列表框中选择一种保存类型，如*.bmp。

图 5-8　"保存为"对话框

思考与综合练习

（1）使用 Windows Media Player 播放一首歌、多首歌、一部电影以及从网上放电影。

（2）如何抓取窗口内容信息？如何抓取某窗口内的一部分信息？试给出方法和步骤（注：这里不能使用屏幕抓图工具，如 HyperSnap 等）。

（3）启动附件里的画图软件，画一填充色为黄色的三角形，保存该图片到 U 盘根目录下，取名为"基本图形 1.bmp"。

实验六　Windows 7 的系统设置与维护

实验目的

（1）了解控制面板中常用命令的功能与特点。

（2）掌握显示器的显示、个性化、区域属性和系统/日期设置的方法。

（3）掌握输入法的配置，了解打印机的安装和使用方法。

（4）了解应用程序的安装与卸载的正确方法。

实验内容与操作步骤

实验 6-1　控制面板的打开与浏览。

操作方法及步骤如下：

（1）单击"开始　"→"控制面板"命令（用户也可打开"计算机"窗口，在工具栏中单击 `打开控制面板` 按钮），打开"控制面板"窗口。

（2）将鼠标指针指向某一类别的图标或名称，可以显示该项目的详细信息。

（3）要打开某个项目，可以双击该项目图标或类别名。

（4）单击工具栏的"查看方式"列表框的某个命令，用户可以"类别"、"大图标"和"小图标"三种方式改变控制面板的视图显示方式（以下实验内容，均在"大图标"视图界面下进行）。

实验 6-2　打印机的安装。

操作方法及步骤如下：

（1）打开"控制面板"，单击"设备和打印机"图标（也可单击"开始"→"设备和打印机"菜单），打开"设备和打印机"窗口，如图 6-1 所示。

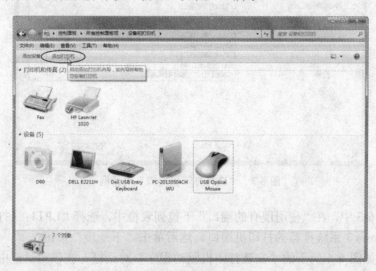

图 6-1　"设备和打印机"窗口

（2）在"设备和打印机"窗口上的工具栏中，单击"添加打印机"命令按钮，出现"要安装什么类型的打印机？"对话框，如图 6-2 所示。

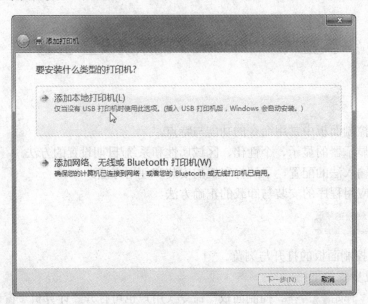

图 6-2　"要安装什么类型的打印机？"对话框

（3）在"要安装什么类型的打印机？"列表处，单击"添加本地打印机"，出现"选择打印机端口"对话框，如图 6-3 所示。

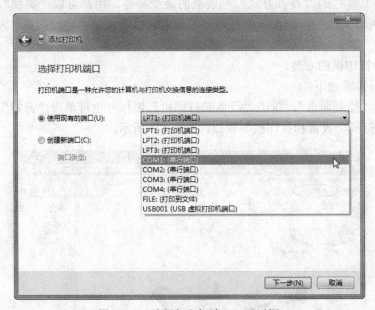

图 6-3　"选择打印机端口"对话框

（4）在图 6-3 中，在"使用现有的端口"下拉列表框中，选择"LPT1：（打印机端口）："，该端口是 Windows 7 系统推荐的打印机端口，然后单击"下一步"按钮。

（5）出现如图 6-4 所示的"安装打印机驱动程序"对话框。在该对话框中可以选择打印机生产厂商和打印机型号，本例选择 Canon LBP 5700 LIPS4。

（6）单击"下一步"按钮，打开"键入打印机名称"对话框，如图 6-5 所示。用户可以在"打印机名称"框处输入打印机的名称，如 Canon LMP 5700 LIPS4。

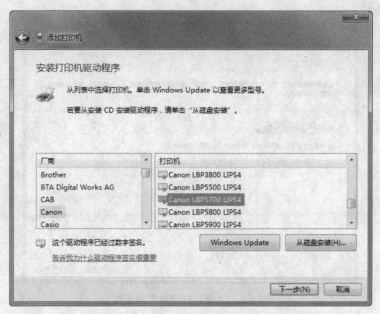

图 6-4　"安装打印机驱动程序"对话框

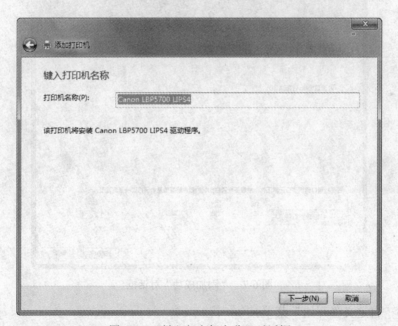

图 6-5　"键入打印机名称"对话框

（7）单击"下一步"按钮，系统开始安装该打印机的驱动程序。稍等一会，驱动程序安装后，出现"打印机共享"对话框，如图 6-6 所示。如果要在局域网上共享这台打印机，则单击"共享此打印机以便网络中其他用户可以找到并使用它"选项，并输入共享名称，否则单击"不共享这台打印机"选项。

（8）单击"下一步"按钮，打开"添加成功"对话框，如图 6-7 所示。在此对话框中，用户可以决定是否将新安装的打印机"设置为默认打印机"，以及决定是否"打印测试页"。最后，单击"完成"按钮，新打印机添加成功。

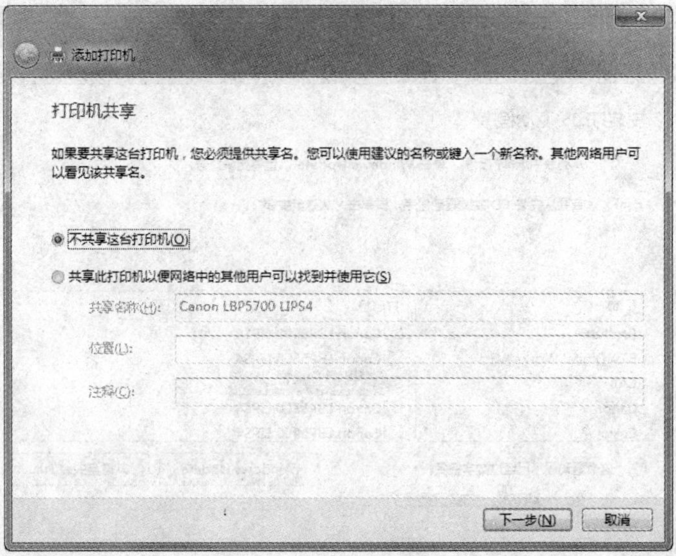

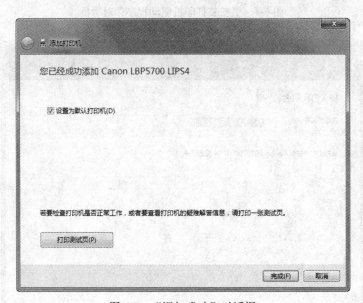

图 6-6　"命名打印机"对话框

图 6-7　"添加成功"对话框

实验 6-3　自定义"开始"菜单。

操作方法如下：

（1）打开"控制面板"窗口。

（2）将鼠标指向"任务栏和「开始」菜单"选项后，双击打开如图 6-8 所示的对话框（也可将鼠标指向任务栏的空白处，右击，选择快捷菜单中的"属性"命令）。

（3）单击"「开始」菜单"选项卡，如图 6-9 所示。在该选项卡中，可以设置是否"存储并显示最近在「开始」菜单中打开的程序"。单击"自定义"按钮，打开"自定义「开始」菜单"对话框，如图 6-10 所示。

（4）在"您可以自定义「开始」菜单上的链接、图标以及菜单的外观和行为"列表框处，勾选"使用大图标"复选框，就可以在"开始"菜单中以大图标显示各程序项。

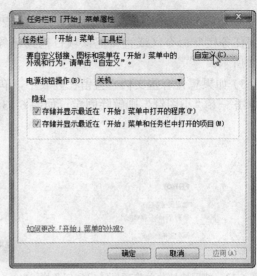

图 6-8　"任务栏和「开始」菜单属性"对话框　　　图 6-9　"「开始」菜单"选项卡

（5）在"「开始」菜单大小"选项区域中，用户可以指定在"开始"菜单中显示常用快捷方式的个数，系统默认为 10 个，在此用户可适当设置个数；如果设置为 0，则可清除"开始"菜单中所有的快捷方式。

（6）在图 6-10 中的"要显示在跳转列表中的最近使用的项目数"选项中设置适当大小，可以设置显示在跳转列表（Jump List）中的最近使用的项目数。

（7）跳转列表（Jump List）的使用。

1）只要把鼠标停在"开始"菜单中的程序上面，就会展开一个列表，显示最近打开过的文档，如图 6-11 所示。

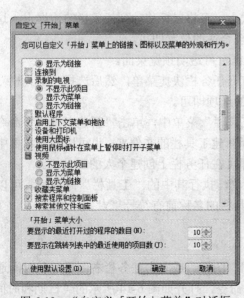

图 6-10　"自定义「开始」菜单"对话框　　　图 6-11　"开始"菜单显示出来的"跳转列表"

2）将项目添加到任务栏中。右击跳转列表中某一个项目，在出现的快捷菜单中执行"锁定到任务栏"命令（或直接把该项目拖到任务栏中），则可将此项目添加到任务栏中，如图 6-12 所示。

3）如果想让有些文档一直留在列表中，单击它右边的"小图钉"可以把它固定在列表中，再单击一下"小图钉"则解除固定，如图 6-13 所示。

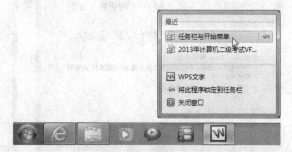

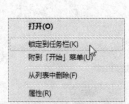

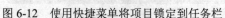

图 6-12　使用快捷菜单将项目锁定到任务栏　　　图 6-13　使用快捷菜单将项目锁定到任务栏

实验 6-4　任务栏的管理。

操作方法如下：

（1）将鼠标指向任务栏的空白处，右击，选择快捷菜单中的"属性"命令，打开如图 6-8 所示的对话框。

（2）隐藏任务栏。有时需要将任务栏进行隐藏，以便桌面显示更多的信息。要隐藏任务栏，只需选中"自动隐藏任务栏"复选框即可。

（3）移动任务栏。如果用户希望将任务栏移动到其他位置，则需在"屏幕上的任务栏位置"列表框处选择一个位置。

如果直接使用鼠标改变任务栏的位置，则要先在任务栏中的空白处右击，在弹出的快捷菜单中执行"锁定任务栏"命令，然后再将鼠标指向任务栏空白处，按下鼠标拖拽到桌面四周即可。

（4）改变任务栏的大小。要改变任务栏的大小，可将鼠标移动到任务栏的边框上，这时鼠标指针变为双箭头形状，然后按下并拖拽鼠标至合适的位置即可。

（5）勾选"使用 Aero Peek 预览桌面"复选框，可透明预览桌面。

（6）添加工具栏。右击任务栏的空白处，打开任务栏快捷菜单，然后选择"工具栏"菜单项，在展开的"工具栏"子菜单中，选择相应的选项即可。

（7）创建工具栏。在任务栏快捷菜单的"工具栏"菜单中，单击"新建工具栏"命令，打开"新建工具栏"对话框。可以在列表框中选择新建工具栏的文件夹，也可以在文本框中输入 Internet 地址，选择好后，单击"确定"按钮即可在任务栏上创建个人的工具栏。

创建新的工具栏之后，再打开任务栏快捷菜单，执行其中的"工具栏"命令时，可以发现新建工具栏名称出现在它的子菜单中，且在工具栏的名称前有符号"√"。

实验 6-5　查看与更改日期/时间。

操作方法及步骤如下：

（1）单击"控制面板"窗口的"日期和时间"图标，或右击任务栏右侧日期和时间通知区，在弹出的快捷菜单中单击"调整日期/时间"命令，打开如图 6-14 所示的"日期和时间"对话框。

（2）单击"更改日期和时间"按钮，打开如图 6-15 所示的"日期和时间设置"对话框。用户如果需要可设置日期和时间。

　图 6-14　"日期和时间"对话框　　　　　图 6-15　"日期和时间属性"对话框

（3）单击"更改时区"按钮，用户可以设置时区值。单击"Internet 时间"选项卡，可以设置计算机与某台 Internet 时间服务器同步。单击"附加时钟"选项卡，可以设置添加在"日期和时间"通知区的多个时间。

实验 6-6　卸载或更改程序。

操作方法和步骤如下：

（1）打开"控制面板"窗口，单击"添加或删除程序"图标，弹出如图 6-16 所示的"添加或删除程序"窗口，系统默认显示"更改或删除程序"按钮下的界面。

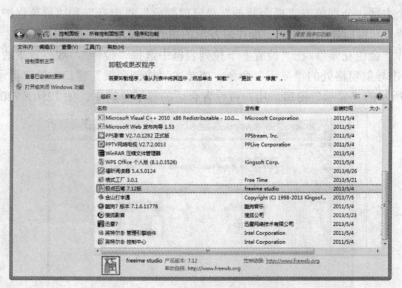

图 6-16　"添加或删除程序"窗口

（2）如果要删除一个应用程序，则可在"卸载或更改程序"列表框中，选择要删除的程序名，单击"卸载/更改"按钮，在出现的向导中选择合适的命令或步骤即可。

实验 6-7　屏幕个性化与分辨率的设置。

操作方法及步骤如下：

（1）从网址 http://windows.microsoft.com/zh-cn/windows/themes 下载所需要的主题"ChickensCantFly_mc（鸡不会飞）"，并应用到本机上。

右击桌面，在弹出的快捷菜单中执行"个性化"命令，系统打开"个性化"设置窗口。在该窗口中，重新设置桌面墙纸，并设置"拉伸"显示属性；将屏幕保护程序设置为"变幻线"，设置等待时间为 1 分钟；设置颜色为"256 色"，屏幕显示区域为 800×600 像素。

（2）在打开的"控制面板"窗口中单击"个性化"图标（也可在桌面的空白处右击，在弹出的快捷菜单中选择"个性化"命令），打开"个性比"设置窗口，如图 6-17 所示。

图 6-17　"个性化"设置窗口

（3）单击"单击某个主题立即更改桌面背景、窗口颜色、声音和屏幕保护程序"列表框处，选择一个主题；分别单击"桌面背景"、"窗口颜色"、"声音"和"屏幕保护程序"命令，可设置桌面背景、窗口显示的颜色、操作时发出的声音以及屏幕保护程序等。在"背景"列表框中选择图片"金色花瓣"，在"位置"下拉列表框中选择"拉伸"，观察背景的变化。

（4）单击导航窗格处的"显示"命令，或单击"控制面板"窗口中的"显示"图标，打开如图 6-18 所示的"显示"窗口，用户可设置合适的显示分辨率，如 1280×720 等。

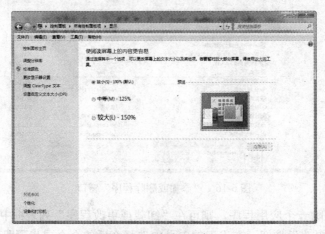

图 6-18　"显示"窗口

思考与综合练习

（1）给自己使用的计算机配置一定大小的虚拟内存。

（2）4 月 26 日是 CIH 病毒发作的日子。假设今天是 4 月 25 日，请将系统的日期设置为 27 日，以避免明天病毒发作。

（3）设置屏幕保护程序为"三维文字"，旋转类型为"跷跷板式"，表面样式为"纹理"。

第3章 Word 2010 文字处理

实验七 Word 的基本操作

实验目的

（1）掌握 Word 的各种启动方法。

（2）熟悉 Word 的编辑环境，掌握文本中汉字的插入、替换和删除。

（3）学会用不同方式保存文档。

实验内容与操作步骤

实验 7-1 Word 的启动与关闭。

（1）通过"开始"的级联菜单启动 Word。

操作步骤为：

1）依次单击 Windows 桌面左下角的"开始"→"所有程序"→Microsoft Office→Microsoft Office Word 2010 命令。

2）屏幕出现 Word 的启动画面，随后打开一个空白的 Word 文档窗口，如图 7-1 所示。

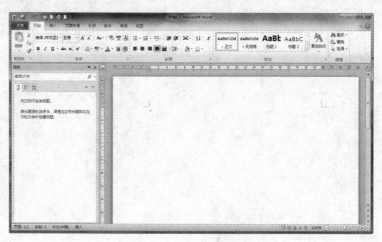

图 7-1　Word 的工作画面

（2）退出 Word。

退出 Word 的方法主要有：

1）单击右上角的"关闭"按钮 X 。

2）单击"文件"选项卡，执行弹出菜单中的"退出"命令，结束 Word 程序的运行。

3）按下组合键 Alt+F4。

实验 7-2 创建新文档。

操作方法及步骤如下：

（1）在可读写的磁盘上（如 E 盘）创建一个文件夹（如 SHJSHJ 上机实践），用来存放上机实践中的 Word 文档。

（2）首次进入 Word，自动创建"文档1"，或者在"文件"选项卡中单击"新建"命令，也可以单击"快速访问工具栏" 🖫🔻🗢🗢🖻🖂🖨🔻 上的"新建"按钮，打开一个空白文档窗口。

（3）单击任务栏上的输入法图标，弹出输入法菜单（见图 2-10），选择一种汉字输入方式，如"极点五笔输入法"。

（4）按下面格式输入一段文字。首行不要用空格键或 Tab 键进行首行缩进，当输入的文本到达一行的右端时，Word 会自动换行，只有一个段落内容全部输入完后，才可按下 Enter 键。如果需要在一个段落中间换行，可用 Shift+Enter 组合键产生一个软回车。文档内容如下：

> 计算机经历了五个阶段的演化
>
> 回顾计算机的发展，人们总是津津乐道第一代电子管计算机、第二代计算机、第三代小规模集成电路计算机、第四代超大规模集成电路计算机。至于第五代计算机，过去总是说日本的 FGCS，甚至还有第六代、第七代等设想。然而，FGCS 项目（1982 年～1991 年）并未达到预期的目的，与当初耸人听闻的宣传相比，可以说是失败了。至此，五代机的说法便销声匿迹。
>
> 这种"直线思维"其实只是对大形主机发展的描述和预测。事物的发展并不以人们的主观意志为转移，它总是在螺旋式上升。最近 20 年的发展，特别是微型计算机及网络创造的奇迹，使"四代论"显得苍白乏力。早就应该对这种过时的提法进行修正了。
>
> 我们认为现代电子计算机经历了五个阶段的演化：
>
> 一、大形主机（Mainframe）阶段，即传统大型机的发展阶段；
>
> 二、小型机（Minicomputer）阶段；
>
> 三、微型机（Microcomputer）阶段，即个人计算机的发展阶段；
>
> 四、客户机/服务器（Client/Server）阶段；
>
> 五、互联网（Internet/Intranet）阶段；
>
> 这里有几点需要说明：首先，虽然小型机抢占了大形主机的不少世袭领地，微型机又占据了大型机和小型机的许多地盘，但是它们谁都不能把对方彻底消灭。这五个阶段不是逐个取而代之的串行关系，而是优势互补、适者生存的并行关系。因此，我们没有规定具体的起止时间。粗略地说，第一阶段从 20 世纪 50 年代始，第二阶段从 20 世纪 60 年代始，第三阶段从 20 世纪 70 年代始，第四阶段从 20 世纪 80 年代始，第五阶段从 20 世纪 90 年代开始，这基本上是合适的。

（5）文档内容输入完后，单击"快速访问工具栏"中的"保存"按钮 🖫（或单击"文件"选项卡中"保存"或"另存为"命令），弹出"另存为"对话框，如图 7-2 所示。在"文件名"文本框中输入文件名，如 Word1；在"保存类型"下拉列表框中选择"Word 文档"，在"保存位置"中选取文件夹，本例是"SHJSHJ 上机实践"，单击"保存"按钮保存。

实验 7-3　编辑文档。

（1）单击"快速访问工具栏"中的"打开"按钮 🖼，选择打开实验 7-2 中建立的 Word 文档（如 Word1.docx）。

（2）移动插入点到要修改的位置，单击状态栏上的"插入"按钮进行插入/改写状态的切换操作。用 Backspace 或 Delete 键进行字符的删除操作。如，将"第二代计算机"改为"第二代晶体管计算机"，方法为把插入点移到"计"字的前面，将编辑状态设置为插入，输入"晶体管"三个字即可。

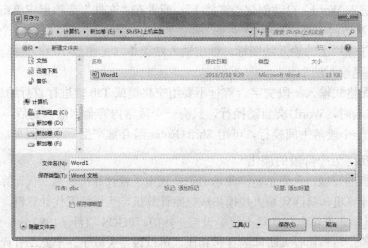

图 7-2   "另存为"对话框

（3）存盘。

1）单击"快速访问工具栏"中的"保存"按钮（或按下组合键 Ctrl+S），修改后的文档以原文件名存盘。

2）单击"文件"选项卡中的"另存为"命令，弹出如图 7-2 所示的对话框，在"文件名"文本框中输入新的文件名，在"保存类型"下拉列表框中选择"纯文本"，修改后的文件以新的文件名（如 Word2.txt）存放在文件夹中。

思考与综合练习

（1）如何将标尺刻度以厘米为单位显示？（提示：利用"文件"选项卡中的"选项/高级"子菜单进行有关设置）

（2）如何对所建文档设置密码保护？在设置密码保护时，如果不使用"审阅"选项卡中的"保护/限制编辑"命令，如何进行保护？如何取消已设置保护密码的文档？

（3）输入实验 7-2 中的一段文字。要求按 Normal.dot 的模板格式录入，中文为宋体，英文为 Times New Roman，五号字；标点符号用全角，特殊符号用"插入"选项卡中的"符号"命令输入；在文档最后输入日期和时间。

（4）全部录入完毕后，用"快速访问工具栏"中的"保存"按钮存盘，在弹出的"另存为"对话框中输入盘符、文件夹和文件名，并确认文件类型为 Word 文档。

（5）打开已建立的文档 Word1.docx，按下列内容对文档进行编辑，如表 7-1 所示。

表 7-1   文档修改要求

原内容	修改后的内容	原内容	修改后的内容
回顾计算机的发展	回顾计算机的发展阶段	大形主机	大型主机
特别是微型计算机	特别是微机	大型机的发展	大型机、中型机的发展
微型机又占据了	微型机又抢占		

（6）对编辑后的文档首先以原文件名存盘，然后使用"文件"选项卡中的"另存为"命令以纯文本文件存入文件夹中，文件名为 Word1.txt。

实验八　文档的编辑

实验目的

（1）熟练掌握 Word 文本的浏览和定位。

（2）掌握选定内容长距离和短距离移动复制的方法以及选定内容的删除方法。

（3）掌握一般字符和特殊字符的查找和替换，以及部分和全部内容查找和替换的方法。掌握灵活设置查找条件。

实验内容与操作步骤

实验 8-1　文本的选定、复制和删除。

操作方法及步骤如下：

（1）打开实验 7-2 所保存的文档（Word1.docx），在文章最后，输入下列内容：

> 　　还有，我们有意忽略了巨型机的发展，并不是因为它不重要，而是因为它比较特殊。巨型机和微型机是同一时代的产物，一个是贵族，一个是平民。在轰轰烈烈的电脑革命中，历史没有被贵族左右，而平民却成了运动的主宰。
>
> 　　其次，把网络纳入计算机体系结构是合情合理的，网络是计算机通信能力的自然延伸，网上的各种资源是计算机存储容量的自然扩充。你可以把网络分为网络硬件和网络软件，而网络硬件又可以分为计算机和通信设备等。但是，从以人为本的观点来看，人们访问网络的界面仍然主要是 PC。

（2）在输入过程中，对于文档中已存在的文字可通过复制的方法输入，如复制"微型机"可按下列步骤进行：按下鼠标左键拖拽"微型机"三个字，选中该文字块，按住 Ctrl 键，把光标指向选定的文本，当光标呈现箭头形状时按鼠标左键，拖拽虚线插入点到新位置，松开鼠标左键和 Ctrl 键。

（3）选定"这里有几点需要说明……，这基本上是合适的。"一段文字，可在行左边选定栏中拖拽，或双击该段落旁的选定栏，也可在该段落中任何位置上单击三次。

（4）按 Delete 键或单击"开始"选项卡"剪贴板"组中的"剪切"按钮，选定的文本被删除。单击"快速访问工具栏"上的"撤消"按钮，可撤消本次删除操作。

实验 8-2　使用工具栏按钮移动或复制文档。

操作方法及步骤如下：

（1）选定"其次，把网络纳入计算机……仍然主要是 PC。"一段文字。

（2）单击"开始"选项卡"剪贴板"组中的"剪切"按钮，被选中的文本内容送至剪贴板中，原内容在文档中被删除。

（3）将插入点移到"这基本上是合适的。"的下一行，单击"开始"选项卡"剪贴板"组中的"粘贴"按钮，完成选定文本的移动。

（4）如果选定文本后单击"复制"按钮，则文本内容既送到剪贴板且原内容在文档中仍然保留，此时为复制操作。

实验 8-3　文本的一般查找。

操作方法及步骤如下：

（1）单击"开始"选项卡，然后再单击"编辑"组中的"查找"按钮 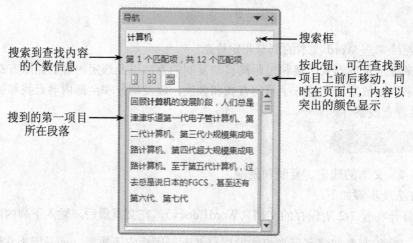（或按下组合键 Ctrl+F），打开图 8-1 所示的"导航"窗格。

图 8-1　在"导航"窗格中实现查找功能

（2）在"搜索框"文本框中输入要搜索的文本"计算机"。

（3）按下 Enter（回车）键，开始查找，单击"×"按钮，或按 Esc 键可取消正在进行的查找工作。

查找的项目内容找到后，页面上系统会以突出的颜色显示出来，同时，在"搜索"对话框中将显示出查找到的第一个项目所在段落。

实验 8-4　文本的高级查找。

（1）打开"开始"选项卡，单击"编辑"组中的"查找"按钮右侧的下拉列表框，从中执行"高级查找"命令，打开"查找和替换"对话框。

（2）单击"更多"按钮，在如图 8-2 所示的扩展对话框中设置所需的选项，如按区分大小写方式查找 Internet，可选择"区分大小写"复选框；如要查找段落标记，可单击对话框中的"特殊格式"按钮，然后选择其中的"段落标记"选项。

图 8-2　设置查找选项

（3）单击"查找下一处"按钮。

实验 8-5　替换文本和文本格式，将文本中的"微型机"改写为"微型计算机"，将 Times New Roman 字体的英文 Mainframe 改为宋体。

操作方法及步骤如下：

（1）在"开始"选项卡中，单击"编辑"组中的"替换"命令按钮，打开"查找和替换"对话框，如图 8-3 所示。

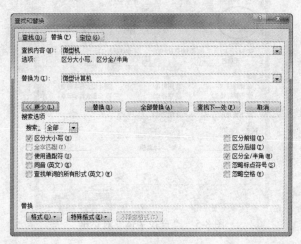

图 8-3　替换文本

（2）在"查找内容"文本框中输入要查找的文本内容"微型机"。

（3）在"替换为"文本框中输入替换文本内容"微型计算机"，单击"替换"或"全部替换"按钮。

（4）在"查找内容"文本框中输入要改变格式的文本 Mainframe。

（5）在"替换为"文本框中输入替换文本 Mainframe。

（6）单击"格式"按钮，选择所需要的格式，如图 8-4 所示。

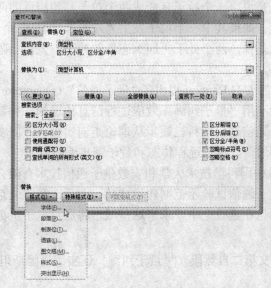

图 8-4　替换指定的格式

（7）单击"字体"选项，打开"查找字体"对话框，如图 8-5 所示。在"西文字体"列表框中选择"宋体"，单击"确定"按钮，回到"查找和替换"对话框，再单击"替换"或"全部替换"按钮。

图 8-5　"查找字体"对话框

思考与综合练习

（1）新建 Word 文档（Word2.docx），并输入以下文本内容：

> 量子纠缠与量子通信
>
> 　"量子纠缠"证实了爱因斯坦的幽灵—超距作用（spooky action in a distance）的存在，它证实了任何两种物质之间，不管距离多远，都有可能相互影响，不受四维时空的约束，是非局域的（nonlocal），宇宙在冥冥之中存在深层次的内在联系。
>
> 　"量子纠缠"现象是说，一个粒子衰变成两个粒子，朝相反的两个方向飞去，同时会发生向左或向右的自旋。如果其中一个粒子发生"左旋"，则另一个必定发生"右旋"。两者保持总体守恒。也就是说，两个处于"纠缠态"的粒子，无论相隔多远，同时测量时都会"感知"对方的状态。
>
> 　1993 年，美国科学家 C.H.Bennett 提出了"量子通信"（Quantum Teleportation）的概念，所谓"量子通信"是指利用"量子纠缠"效应进行信息传递的一种新型的通讯方式。经过二十多年的发展，量子通信这门学科已逐步从理论走向实验，并向实用化发展，主要涉及的领域包括：量子密码通信、量子远程传态和量子密集编码等。
>
> 　2010 年 7 月，经过中国科学技术大学和安徽量子通信技术有限公司科研人员历时 1 年多的努力，合肥城域量子通信试验示范网建设成功。此后，我国北京、济南、乌鲁木齐等城市的城域量子通信网也在建设之中，未来这些城市将通过量子卫星等方式联接，形成我国的广域量子通信体系。

（2）接上题，将正文第二自然段（"'量子纠缠'证实了爱因斯坦的……内在联系。"）和第三自然段对调。

（3）接上题，从第二行开始，将"量子纠缠"替换为"量子纠缠（Quantum Entanglemen）"；

删除第四自然段的部分内容，即将"经过二十多年的发展，……量子密集编码等。"删除。

（4）插入当前日期和时间的方法有哪两种？

（5）分页有何作用，如何插入一个分页符？

（6）分别利用"插入"选项卡中的"对象"和"公式"命令，插入下面的数学和化学公式：

1）$\sin^2\theta = \dfrac{\text{tg}^2\theta}{1+\text{tg}^2\theta} = \dfrac{1-\cos 2\theta}{2}$

2）$Q = \sqrt{\dfrac{x+y}{x-y} - \left(\int_{\frac{\pi}{4}}^{\frac{3\pi}{4}} (1-\cos^2 x)\mathrm{d}x + \sin 30° \right) \times \prod_{i=1}^{N}(x_i - y_i)}$

3）设 $f(x+y, x-y) = x^3 - y^3$，求 $\dfrac{\partial f(x,y)}{\partial x} + \dfrac{\partial f(x,y)}{\partial y}$

4）$H_2SO_4 + Ca(OH)_2 = CaSO_4 + 2H_2O$

（7）如何将另外一篇文档的内容插入到当前文档的光标所在处？

实验九　文档格式设置

实验目的

（1）正确理解设置字符格式和段落格式的含义。

（2）通过使用工具按钮快速进行字符和段落格式的编排。

（3）正确使用对话框对字符或段落进行格式设置和编排。

实验内容与操作步骤

实验 9-1　设置字符格式。

操作方法及步骤如下：

（1）打开 Word1.docx 文档。

（2）选中第一个"计算机"字符，打开"开始"选项卡，单击"字体"组中的"粗体"按钮 **B**；选中第二个"计算机"字符，单击"斜体"按钮 *I*；选中第三个"计算机"字符，单击"下划线"按钮 U。

（3）拖拽鼠标，选中上述三个"计算机"文字块，单击"字号"按钮 五号，将其设置为四号字（也可在出现的浮动工具栏 中选择要设置的字号大小）。

（4）选择要复制格式的第一个"计算机"，打开"开始"选项卡，单击"剪贴板"组中的"格式刷"按钮（如要使用多次，可双击），指针变成带有条形指针的格式刷时，选择要进行格式编排的第四个"计算机"字符，复制完字符格式后按 Esc 键，结束格式刷的功能。

实验 9-2　创建首字下沉。

创建首字下沉的操作步骤为：

（1）将插入点移到首字下沉的段落中，如第一段。

（2）打开"插入"选项卡，单击"文本"组中的"首字下沉"命令按钮 ，在弹出的列表框中选择"下沉"或"悬挂"，如图 9-1 所示。

　　用户也可选择"首字下沉选项"，打开"首字下沉"对话框，如图 9-2 所示。然后，在"选项"选项区域中设置下沉字的字体、下沉的行数及下沉字与后面文字的间距大小，设置完成后单击"确定"按钮。

图 9-1　"首字下沉"列表框　　　　　　图 9-2　"首字下沉"对话框

实验 9-3　设置行间距和段间距。

（1）选中要更改行间距或段间距的段落。

（2）打开"开始"选项卡，单击"段落"组中的"行和段落间距"命令按钮 ，从弹出的命令列表框中选择相应的选项，如果不满意，还可直接单击"段落"组右下角的"对话框启动器"按钮 ，打开"段落"对话框，如图 9-3 所示。

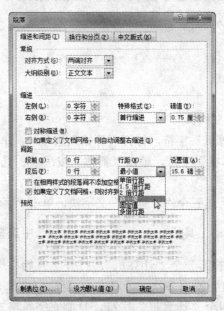

图 9-3　段落间距的设置

（3）切换到"缩进和间距"选项卡。

（4）若要改变行距，则在"行距"下拉列表框内选择"最小值"或"固定值"，也可在"设置值"下拉列表框内输入行距的大小；若要改变段间距，可在"段前"、"段后"文本框内输入希望的值，如 12 磅。

实验 9-4　设置段落格式。

（1）在文档的开头插入"四代突变，还是五段演化"。

（2）打开"开始"选项卡，单击"段落"组中的"居中"命令按钮，使其放置在一行的中间，作为文档的标题。

（3）将第二段设置为首行缩进。选中第二段，单击"段落"组右下角的"对话框启动器"按钮，打开"段落"对话框，如图 9-3 所示，在"段落"对话框中选择"特殊格式"下拉列表框中的"首行缩进"选项。

注意：在"段落"对话框中，参数值的单位有磅、行和厘米等，设置大小和单位时，可直接输入。

（4）选中文档的第三个自然段，单击"段落"组中的"分散对齐"按钮，使第三段内容均匀分布。

实验 9-5　添加项目符号或项目编号。

（1）在文档中插入项目编号，可按下列步骤进行：

1）将文档中字符"一、二、三、四、五"删除，并选中这 5 个自然段。

2）打开"开始"选项卡，单击"段落"组中的"项目符号"命令按钮，选中的 5 个自然段前面出现符号"●"。如果不满意，用户也可单击"项目符号"命令按钮右侧的下拉按钮，在弹出的列表中选择一个符号，如图 9-4（a）所示。

（2）将 Word1.docx 文档中的段落符号改为项目编号"1.、2.、3.、4.和 5."，操作如下：

1）选中带有段落符号"●"的自然段。

2）打开"开始"选项卡，单击"段落"组中的"项目编号"命令按钮，右侧的下拉按钮，在弹出的列表中选择一个编号，如图 9-4（b）所示。

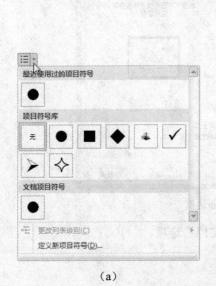

（a）

（b）

图 9-4　选择项目符号和项目编号

实验 9-6　给文档中的"计算机经历了五个阶段的演化"文字加上边框。

（1）单击该行中任意一处，选中要加边框的文字。

（2）打开"开始"选项卡，单击"字体"组中的"字符边框"命令按钮 **A**，即可为选中的字符添加边框。

若用户对边框的样式不满意，可单击"段落"组中的"边框"命令按钮 **田**·右侧的下拉按钮，在其弹出的列表框中执行"边框和底纹"命令，打开"边框和底纹"对话框，如图 9-5 所示。然后，设置好相关的选项。

图 9-5　"边框和底纹"对话框

实验 9-7　为文档页面添加上下边框。

（1）打开如图 9-5 所示的"边框和底纹"对话框。

（2）单击"页面边框"选项卡，如图 9-6 所示。单击"设置"下的"自定义"，并在"预览"下单击添加上下边框的相应按钮。

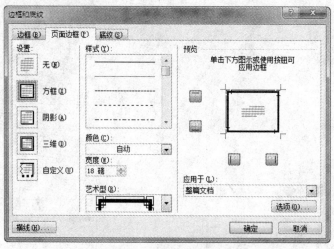

图 9-6　设置页面边框

（3）在"应用于"下拉列表框中选择"整篇文档"选项。

实验 9-8　用底纹填充第一段文字的背景。

（1）单击第一段中任意一处，选中该段落。

（2）打开如图 9-5 所示的"边框和底纹"对话框，再选取"底纹"选项卡，如图 9-7 所示。

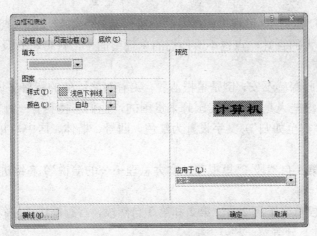

图 9-7　为字符设置底纹

（3）从"填充"中选择"填充背景"为黄色，从"图案"的"样式"下拉列表框中选择一种样式，如浅色网格；从"颜色"下拉列表框中选择一种颜色，如青绿色。

（4）在"应用于"下拉列表框中选择"文字"，单击"确定"按钮。

实验 9-9　将 Word1.docx 文档按不等宽两栏版式编排，并在栏间添加竖线。

（1）将插入点放在文档中的任意位置上。

（2）单击"页面布局"选项卡"页面设置"组中的"分栏"命令，弹出"分栏"对话框。

（3）在"栏数"框中输入所需栏数 2，清除对"栏宽相等"复选框的勾选。

（4）在"宽度和间距"下面的"宽度"和"间距"框中，输入所需尺寸后，在"预览"框中出现所设置的页面分栏的样式。

（5）选中"分隔线"复选框，如图 9-8 所示，然后单击"确定"按钮。

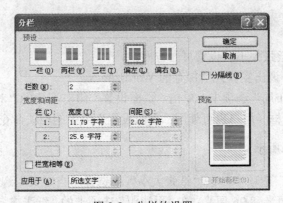

图 9-8　分栏的设置

思考与综合练习

（1）如何对选定的文本段落设置项目符号（编号）或多级符号（编号）？

（2）如何使用"格式刷"按钮 ✍ 复制字符和段落格式？

（3）录入下面的短文，并按要求完成操作。

宾至如归

里根和加拿大总理皮埃尔·特鲁多私交甚笃。因此，在美加外交关系上，两位首脑就没少利用这个优势"求同"。里根以美国总统的身份第一次访问加拿大期间，他自然少不了发表演讲。可加拿大的百姓一点也不给他们的总理留面子，许多举行反美示威的人群不时打断里根的演说。

特鲁多总理对此深感不安，倒是里根洒脱，笑着对陪同他的特鲁多说："这种事情在美国时有发生，我想这些人是特意从美国赶来贵国的，他们想使我有一种宾至如归的感觉。"

1）将标题段（"宾至如归"）文字设置为红色、四号、楷体、居中，并添加绿色边框（"方框"）、黄色底纹。

2）设置第 2 和第 3 自然段（"里根和加拿大总理……的演说"）右缩进 1 字符、行距为 1.3 倍、段前间距 0.7 行。

3）将第 2 自然段首字下沉 2 行；第 2 和第 3 自然段，首行缩进 2 字符；第 3 自然段（"特鲁多总理……的感觉）分等宽三栏。

4）以文件名 Word3.docx 将文件存盘。

实验十　页面格式设置及打印

实验目的

（1）正确设置页边距，以便得到所要求的页面大小。

（2）掌握分栏排版的使用方法。

（3）正确设置页眉和页脚，学会插入页码。

（4）熟练掌握纸张大小、方向和来源，页面字数和行数等页面设置的方法。

（5）熟练掌握打印预览文档的功能，学会打印机的设置和文档的打印。

实验内容与操作步骤

实验 10-1　选择纸张大小和设置页面方向。

（1）启动 Word，调出实验九所保存的 Word1.docx。

（2）打开"页面布局"选项卡，单击"页面设置"组右下角的"对话框启动器"按钮 ，打开"页面设置"对话框（用户也可使用"页面设置"组中的相关命令，如"纸张大小"命令按钮 ），如图 10-1 所示。

（3）选中"纸张"选项卡，在"纸张大小"中选择"自定义"选项，在"宽度"和"高度"框中分别输入 22 厘米和 26 厘米；在"页边距"选项卡的"纸张方向"选项区域中单击"纵向"按钮，在"应用于"下拉列表框中选定"整篇文档"。

（4）单击"确定"按钮。

实验 10-2　使用"页面设置"对话框设置页边距。

（1）将插入点设置在要改变页边距的节中。

（2）在如图 10-1 所示的对话框，选中"页边距"选项卡，

（3）在上、下、左、右文本框中分别输入 2 厘米、1.5 厘米、1.5 厘米、1 厘米，在"装订线"框中输入 0 厘米，在"装订线位置"下拉列表框中选择"左"选项。

（4）在"版式"选项卡中的"页眉"和"页脚"文本框中分别输入 1.0 厘米、1.0 厘米，

在"应用于"下拉列表框中选择要应用的页面范围，如"整篇文档"，单击"确定"按钮。

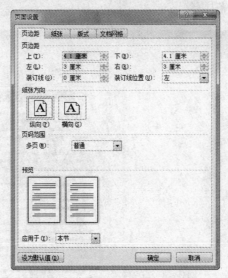

图 10-1 "页面设置"对话框

实验 10-3 在 Word1.docx 文档中创建页眉和页脚。

（1）打开"插入"选项卡，单击"页眉和页脚"组中的"页眉"或"页脚"命令按钮，在打开的"页眉"或"页脚"命令列表框中选择合适项目，本例"页眉"使用"空白"。

（2）在页眉区输入文字"开放式计算机考试系统"，并居中。

（3）这时系统出现页眉和页脚工具选项卡"设计"，单击"导航"组中的"转至页脚"命令按钮，使插入点移到页脚区，插入一个页码，样式为"加粗显示的数字 2"。

（4）编辑修改页码格式为"第 X 页，共 Y 页"，如图 10-2 所示。

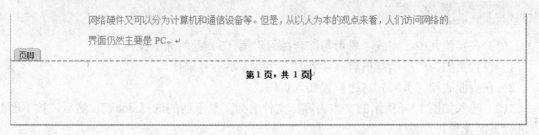

图 10-2 设计好的"页脚"

（5）双击正文处，Word 回到正文编辑状态。

实验 10-4 打印并预览文档。

（1）从"文件"选项卡中选择"打印预览"命令，或按下组合键 Alt+Ctrl+I，Word 进入到打印预览界面，如图 10-3 所示。

（2）单击页面导航条中的"上一页"按钮◀或"下一页"按钮▶，可显示不同的页面，单击"显示比例"组中的"缩小"按钮⊖或"放大"按钮⊕，可缩小或放大预览的页面；单击"缩放到页面"按钮，预览的页面完整显示。

（3）在"打印"框处，设置要打印的份数；在"打印机"框处，选择要使用的打印机，默认为 Windows 下的默认打印机。

（4）在"设置"框处，可设置单面打印、双面打印、打印当前页、打印所有页（默认）、打印所选内容以及打印页面范围等。

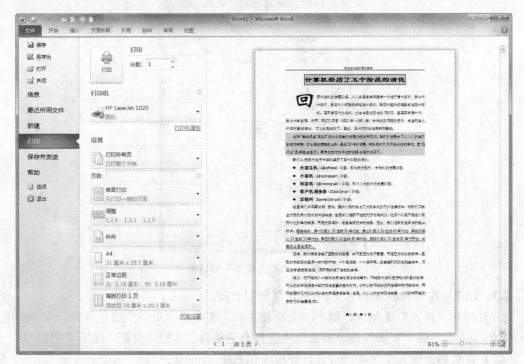

图 10-3　打印预览界面

（5）单击"打印"按钮，开始打印文档。

按下 Esc 键或再次单击"文件"选项卡，关闭打印预览界面。

思考与综合练习

（1）在实验九中，完成"思考与综合练习"第（3）题的如下操作。

1）设置页眉为"小幽默摘自《读者》"，字体为小五号宋体。

2）在页面底端（页脚）右边位置插入页码。

（2）输入如图 10-4 所示的文本内容，文件名为"显示器的选择.docx"。然后，按下面要求进行页面设置。

1）将排版后的文档以"显示器的选择.docx"为文件名进行保存。

2）页面设置：自定义纸张，大小为 25×21 厘米；方向：横向；上、下、左、右边距分别为 1.6 厘米、1.6 厘米、2.1 厘米和 2.1 厘米；页眉 1.2 厘米。

3）标题"显示器的选择"的设置：格式为居中，字体"华文琥珀"，三号大小，字为红色，放大到 150%，加紫色双线三维 3 磅边框。

4）第一段：在文本"工作效率"上加上拼音标注，拼音为 8 磅大小，拼音字体为 Arial；将文本"一定程度上"分别设置成如图 10-4 样张所示不同的带圈字符，其中"一"为"缩小文字"，其余为"增大圈号"；将文本"而且也是计算机中最不容易升级的部件"设置为"方正舒体"，倾斜，四号大小，字符间距加宽，磅值 1.5 磅，底纹为图案式样 30%，颜色为灰色-50%，应用范围为文字。

5）将第一段设置为段前间距 1 行，段后间距 1 行，首行缩进 2 字符。

6）"点距"设置成字为红色，加粗，加着重号；用"格式刷"工具📝将以下每段的开头设置为与"点距"相同的格式；将"点距是指……"设置为如图 10-4 样张所示加蓝色下划线。

7）中间 3 段加如图 10-4 样张所示的编号，"编号位置"左对齐，"文字位置"缩进 0.74 厘米；"点距"一段为无特殊格式；"分辨率"一段为左缩进 2 字符，悬挂缩进 0.74 厘米。

8）将"刷新率"所在段，首字下沉 3 行，字体为宋体，距正文 0.5 厘米。

9）在正文最后添加"显示器的选择：点距、分辨率、刷新率、带宽"。"显示器的选择"为样式中的"标题 2"；其余为小四号、黑色，"华文行楷"字体，字符缩放 150%，字符间距加宽 2 磅；同时加红色项目符号，左缩进 1 厘米，左对齐。

10）整个页面最后设置成如图 10-4 所示的样张效果。

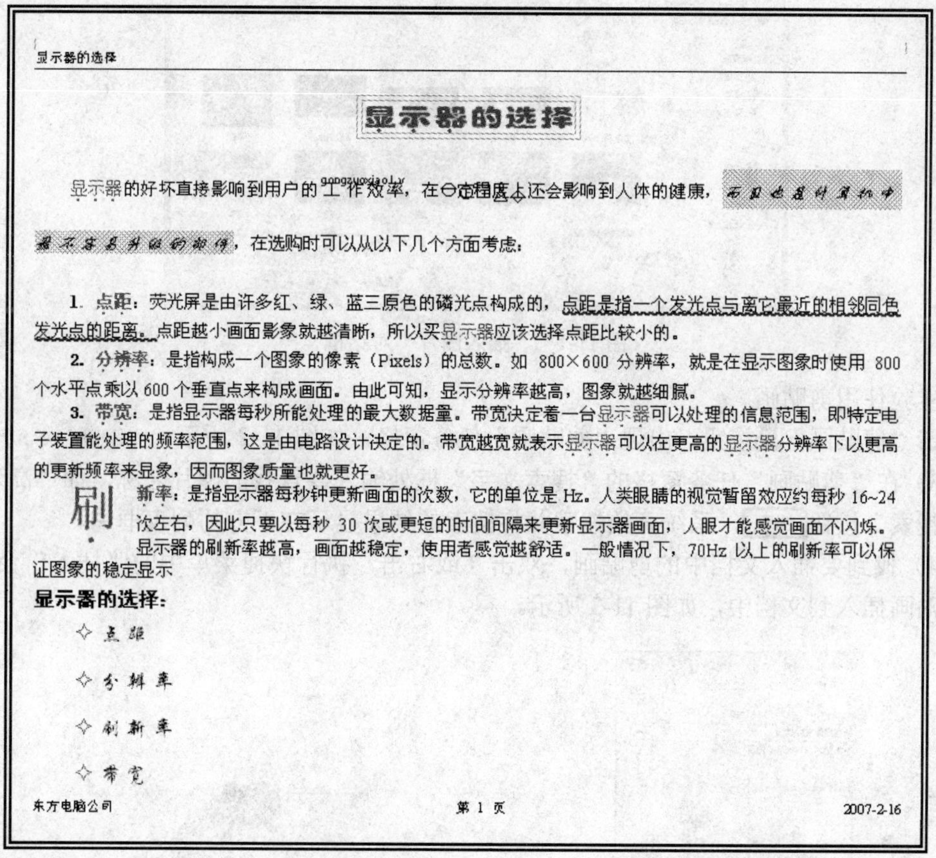

图 10-4　第（2）题样张

实验十一　图文混排

实验目的

（1）掌握图片的插入方法。

（2）掌握图形格式的设置。

（3）了解如何创建和编辑图形对象。

（4）掌握艺术字和文本框的设置和使用。

实验内容与操作步骤

实验 11-1　从剪贴画库中插入剪贴画或图片。

（1）将插入点定位在要插入剪贴画或图片的地方，如 Word1.docx 文档的开头位置。

（2）打开"插入"选项卡，在"插图"组中单击"图片"按钮，将打开如图 11-1 所示的"插入图片"对话框，用户可选择已存在的一幅图片，将其插入文档中。

图 11-1　"插入图片"对话框

本实验使用剪贴画。

单击"剪贴画"按钮，出现"剪贴画"任务窗格，如图 11-2 所示。

（3）在"剪贴画"任务窗格的"搜索文字"框处输入要查找的图片名称，如"高尔夫"。单击"搜索"按钮，系统开始搜索并将搜索的结果显示在下方的列表框中。

（4）找到要插入文档中的剪贴画，双击（或右击，执行快捷菜单中的"插入"命令），将此剪贴画插入到文档中，如图 11-3 所示。

图 11-2　"剪贴画"任务窗格

图 11-3　插入的剪贴画

（5）选中剪贴画对象，双击，打开图片工具"格式"选项卡，将图片高度和宽度分别设置为 4.08 厘米和 3.78 厘米；图片样式设置为"复杂框架，黑色"。

实验 11-2　利用"自选图形"绘制如图 11-4 所示的流程图。

（1）将插入点定位到要插入图形的位置。

打开"插入"选项卡，单击"形状"按钮 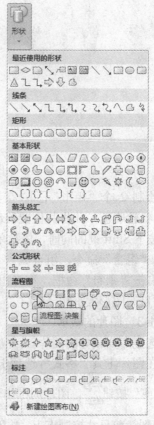，出现形状列表框，如图 11-5 所示。

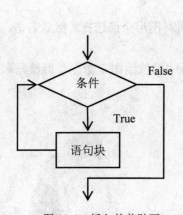

图 11-4　插入的剪贴画　　　　　　　　　　图 11-5　"形状"按钮与其列表

（2）在"线条"栏中，单击"箭头"按钮 ＼，这时系统在插入点处出现一个"画布"。将鼠标移至画布上，指针变为十字形（按 Esc 键，可取消绘画状态），按住 Shift 键的同时（绘制直线），按下鼠标左键并将线条拖拽到合适的大小，松开左键，绘制一个如图 11-6 所示的带箭头的向下线条。

注：如果不使用"画布"，则需要单击"文件"选项卡并执行"选项"命令，打开"Word 选项"对话框。单击"高级"选项卡，找到"插入'自选图形'时自动创建绘图画布"项，在其前面的复选框☑处单击去掉✓号。

（3）依次选择"流程图：决策" ◇、"箭头" ＼、"流程图：过程" □、"肘形箭头连接符 ⌐"、"直线" ＼ 和"肘形箭头连接符 ⌐"，画出所需的图形。

（4）修改自选图形的样式，在"流程图：决策" ◇ 和"流程图：过程" □ 图形中分别添加文字"条件"和"语句块"。

（5）调整上述图形的布局，使得上箭头、条件框、中箭头和过程框居中对齐，其他形状调整到合适的位置。

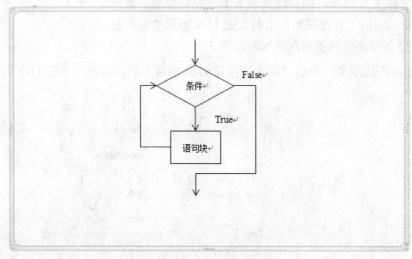

图 11-6   "画布"界面

（6）绘制 2 个"矩形"□，在其中添加文字"False"和"True"。设置样式为无形状填充色和无形状轮廓色，并将其位置移动到合适的地方。

（7）按下 Shift 键的同时，依次单击其他图形，将所有图形全部选择，然后右击，执行快捷菜单中的"组合"命令，组合成一个整体。

（8）右击"画布"边框，在弹出的快捷菜单中执行"缩放绘图"命令，调整画布的大小与所组合的自选图形大小相一致。

实验 11-3   图片的裁剪。

（1）选定需要裁剪的图片。

（2）在图片工具"格式"选项卡中，单击"大小"组中的"裁剪"按钮。图片周围出现裁剪尺寸控制点，将鼠标移动到裁剪尺寸控制点上，按下左键进行拖拽，裁剪后的图片如图 11-7 所示。

图 11-7   剪切后的图片

实验 11-4   插入文本框。

（1）打开前面实验所保存的文档 Word1.docx，将文档标题删除。然后按 Esc 键，取消"画布"的功能。

（2）打开"插入"选项卡，单击"文本"组中的"文本框"命令，在其显示的列表框中执行"绘制文本框"命令，鼠标指针变为╋字形。

（3）按下鼠标左键，绘制一个大小合适的文本框。

（4）在文本框中输入文字内容"演化与突变"，文本字体和大小分别设置为华文新魏、二号。

调整文本框的大小，例如高度和宽度分别为 1.32 厘米和 1.27 厘米，使文本框刚好能容纳显示一个字。

将文本框的版式设置为"紧密型"的环绕效果。

（5）将文本框复制到正文其他地方 4 次，并删除复制后的文本框的文本内容（即为空文本框）。

将 5 个文本框全部选定，打开绘图工具"格式"选项卡，在"排列"组中分别执行"对齐"项目中的"横向分布"和"纵向分布"命令，将 5 个文本框左右上下间隔设置为等距离排列。

（6）选择第 1 个文本框，在绘图工具"格式"选项卡中，单击"文本"组中的"创建链接"命令 创建链接，鼠标指针变为咖啡桶。将鼠标移动到要链接的文本框，此时鼠标指针改变为倾泻状，单击左键，则第 1 个文本框中未显示出的内容倾泻到第 2 个文本框中。

同样地，将第 2 个文本框与第 3 个文本框相链接；第 3 个文本框与第 4 个文本框相链接；第 4 个文本框与第 5 个文本框相链接。

最后，文本框与正文的效果，如图 11-8 所示。

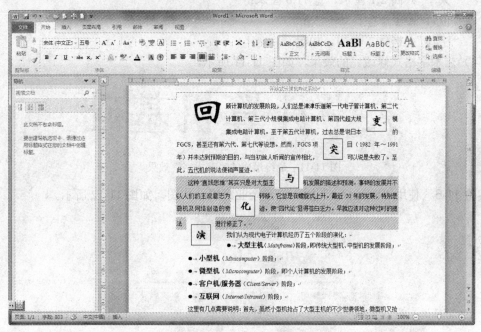

图 11-8　插入文本框

实验 11-5　增加特殊文字效果——艺术字的使用。

（1）打开"插入"选项卡，单击"文本"组的"艺术字"命令 艺术字，打开"艺术字"样式列表框，如图 11-9 所示。

（2）在"艺术字"样式列表框中，单击选择一种样式，文档中出现一个艺术字编辑框，如图 11-10 所示。输入要设置艺术字的文字，如"大学计算机基础"。

（3）单击要更改的艺术字，打开绘图工具"格式"选项卡，用户可利用该选项卡中的相关命令修改其形状样式、艺术字样式等，如将艺术字设置为如下：

● "文本效果"：波形 2；
● "文本填充"：浅蓝；

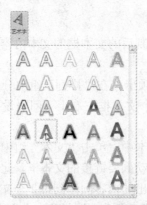

图 11-9　"艺术字"样式列表框　　　　　　图 11-10　艺术字编辑框

- "文本轮廓"：红色、长划线－点、粗细 0.75 磅；
- "大小"：高 2.1 厘米、宽 11.6 厘米；
- "位置"：上下型；
- "字体"：楷体，小初，加粗。

（4）艺术字格式修改完的效果，如图 11-11 所示。

大学计算机基础

图 11-11　最终形成的"艺术字"效果

实验 11-6　使用"SmartArt"插入一个企业组织结构图，如图 11-12 所示。

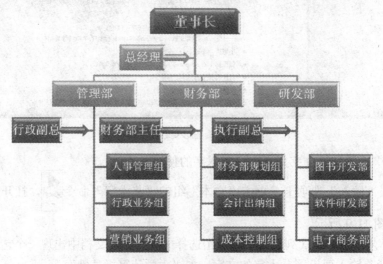

图 11-12　最终形成的企业组织结构图

（1）打开"插入"选项卡，单击"SmartArt"按钮，弹出"选择 SmartArt 图形"对话框，在左侧列表框中选择"层次结构"选项，如图 11-13 所示。

（2）选择"层次结构"中的"组织结构图"，插入一个组织结构图，如图 11-14 所示。

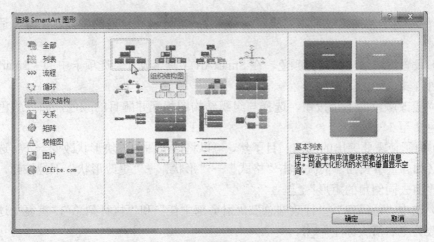

图 11-13　"选择 SmartArt 图形"对话框

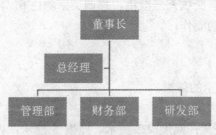

图 11-14　插入的组织结构图

（3）在组织结构图中输入文本内容。

（4）双击结构图中的任意蓝框架，会出现 SmartArt 工具"设计"选项卡。

（5）单击"创建图形"组中的"添加形状"右侧的下拉按钮 添加形状，选择"添加助理"选项（或右击，在出现的快捷菜单中执行"添加形状"命令）。

（6）在"管理部"、"财务部"和"研发部"下方分别加上"添加助理"选项。

（7）继续在组织结构图中添加下属部门，选中"管理部"，单击"添加形状"中的"在下方添加形状"，按此步骤在"管理部"下方添加 3 个部门（可根据实际情况选择个数），输入内容。

（8）按照第（7）步的操作，在"财务部"和"研发部"下方分别加入下属部门，如图 11-15 所示。

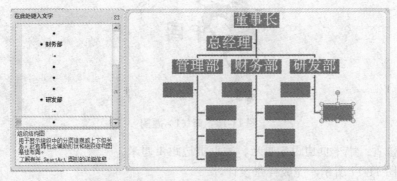

图 11-15　插入下级部门的组织结构图

（9）此时组织结构图已基本完成，输入文字内容，设置合适的字体、字号，适当调整其大小。

（10）设置组织结构图具体颜色，在 SmartArt 工具"设计"选项卡中的"SmartArt 样式"中选择一种样式，如"优雅"。

单击"更改颜色"下拉按钮，选择与组织结构图相配并醒目的颜色，如"颜色范围—强调文字颜色 2 至 3"。

（11）为了使需要突出的部门一目了然，可以将结构图的方块形状改变一下。选中需要更改的方块（如"董事长"），依次单击"格式"→"形状"→"更改形状"下拉按钮，在下拉菜单中选择"剪去同侧角的矩形"⌂。

（12）选中"总经理"、"行政副总"、"财务部主任"和"执行副总"，重复上述操作，将其形状更改为"右箭头标注"⏵。

（13）设置艺术字的样式，在"艺术字样式"组中单击下拉按钮 A A A，出现下拉菜单，选择文本的外观样式，如"渐变填充—橙色，强调文字颜色 6，内部阴影"。

至此，完成组织结构图的制作。

思考与综合练习

（1）绘制如图 11-16 所示的效果。

要求如下：

1）插入文本框：位置任意；高度 2.2 厘米、宽度 5 厘米；内部边距均为 0；无填充色、无线条色。

2）在文本框内输入文本"迎接 2008 奥运会"、"中国"；楷体、粗体小二号字、红色；单倍行距、水平居中。

3）插入一幅"足球"图片，位置任意；锁定纵横比、高度 5 厘米。

4）绘制圆形：直径 4.5 厘米，填充浅黄色、无线条色。

5）将文本框置于顶层；圆形置于底层；三个对象在水平与垂直方向相互居中；然后进行组合。

图 11-16   第（1）题图

6）调整位置：水平页边距 5 厘米、垂直页边距 1 厘米。

（2）如图 11-17 所示，完成样张设计。

图 11-17　第（2）题图

（3）如图 11-18 所示，完成样张设计。

图 11-18　第（3）题图

（4）新建 Word 文档，输入下面的文本内容，然后以文件名"布达拉宫的藏族建筑"进行保存。

中国西藏的艺术宝殿

布达拉宫的藏族建筑的精华，也是我国以及世界著名的宫堡式建筑群。宫内拥有无数的珍贵文物和艺术品，使它成为名副其实的艺术宝库。

布达拉宫起基於山的南坡，依据山势蜿蜒修筑到山顶，高达 110 米。全部是石、木结构、下宽下窄、镏金瓦盖顶、结构严谨。

布达拉宫修建的历史

布达拉宫始建于公元 7 世纪，至今已有 1300 多年的历史。布达拉宫为"佛教圣地"。据说，当时吐蕃王国正处于强盛时期，吐蕃王松赞干布与唐联姻，为迎接文成公主，松赞干布下令修建这座有 999 间殿堂的宫殿，"筑一城以夸后世"。布达拉宫始建时规模没有这么大，以后不断进行重建和扩建，规模逐渐扩大。

辉煌壮观的灵塔

布达拉宫主楼 13 层。宫内有宫殿、佛堂、习经堂、寝宫、灵塔殿、庭院等。红宫是供奉佛神和举行宗教仪式的地方。红宫内有安放前世达赖遗体的灵塔。塔身以金皮包裹，宝玉镶嵌，金碧辉煌。

对输入文本进行格式化，样张如图 11-19 所示。

具体要求如下：

1）页面设置：16 开（18.4×26 厘米）；方向：横向；上、下、左、右边距分别为 2.2 厘米、2.2 厘米、2.2 厘米和 2.2 厘米；页眉与页脚 1.2 厘米。

2）页面边框设置为艺术型（样式自选）。

3）设置标题格式为艺术字、黑体、粗体、40 磅、阴影，且按样张放置。

4）正文为隶书、四号、首行缩进 1 厘米；第 4 段加有阴影的边框和 25%的前景为红色的底纹。在第 3 和第 5 段前加一符号"🔱"，小标题改为黑体、加粗；前两段正文首字文字加如样张所示的圈。将最后一段正文前两句放到一个文本框里。

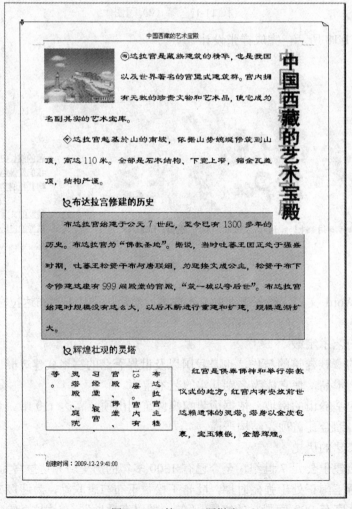

图 11-19　第（4）题样张

5）按样张插入一图片，图片具有浮动性，放在第 1 段的右侧。

6）页眉内容为"中国西藏的艺术宝殿"；页脚内容由"自动图文集"中的"创建日期"来完成。

（5）输入下面的文字并按图 11-20 所示的样张排版，要求如下：

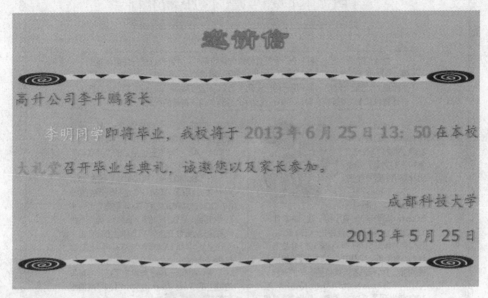

图 11-20　第（5）题样张

1）标题文字：隶书，一号；文本效果为"填充－无，轮廓－强调文字颜色 2"，居中。

2）正文文字：楷体，四号，加向右偏移阴影效果。

3）正文第一段，紫色，左对齐；正文第二段中"李明同学"为浅黄色，日期和"大礼堂"为蓝色，左对齐；正文最后两段，右对齐。

4）段落：正文第二段，首行缩进 2 个字符；正文第一段，段前间距 1 行。

5）行距：各段行距均为 1.5 倍行距。

6）边框：为标题加段落边框，上下边框线为双线型，橙色，0.5 磅；左右边框线为虚线型，1.5 磅，橙色。

7）底纹：为所有文字加底纹，浅绿色。

8）横线：为正文上下加效果。

（6）编排"PC 的发展离不开他们"文档，样张如图 11-21 所示，要求如下：

1）将文字"PC 的发展离不开他们"放入横排文本框中；并设置字体为宋体，一号；文本框设置为阴影样式"向右偏移"，填充：浅绿，文本框线条颜色为金色。

2）为正文第一段添加双线边框，且左右缩进 2 个字符，首行缩进 2 个字符。

3）在文中插入剪贴画 computers，其高度缩放比例为 63%，宽度缩放比例为 62%。

4）正文第二段到最后一段分两栏显示。

5）参照样张，在文中绘制图形，图形式样为"星与旗帜"中的"波形"，填充颜色为浅青色；并添加艺术文字：Computer；叠放次序为"衬于文字下方"。

6）页面边框为艺术型花边（自定义）。

7）页面纸张大小：自定义，宽 21 厘米，高 22 厘米，上下左右边距分别为 2.2 厘米、2.3 厘米、3.0 厘米和 3.0 厘米。

PC 的发展离不开他们

当我们想要列出一些对 PC 发展有特殊贡献的人时，才发现这是一件很困难的事，因为在 PC 产业的发展过程中，团队的作用远胜过个人，正如 David Bradley 博士所说，"是整个行业，而不是一两个人在推动PC产业的发展"。因此，我们从众多对计算机和 PC 发展有贡献的人中，选出了几位作为这一群体的代表。

✧ John von Neumann：在 1945 年发表了题为"EDVAC 架构"的文章，勾画出计算机的最初轮廓。

✧ John Mauchly 和 J.Presper Eckert：领导一个研究小组，在 1946 年 2 月推出了全球第一台计算机—ENIAC。

✧ Ivan Sutherland：在 1963 年发表了题为"框架的、交互式、实时计算机绘图系统"的论 文，标志着计算机图形学的兴起。

✧ Thomas Kurtz 和 John Kemeny：在 1964 年发明了 BASIC 语言。从此，计算机编 程从汇编语言进入高级语言时代，大大简化了计算机程序的编写工作。

✧ Gary Kildall：1976 年开发了第一个用于个人计算机的操作系统 CP/M。

✧ David Bradley 博士：研制第一台

IBM PC 的 12 人小组成员之一，其主要贡献是编写了 ROM BIOS 程序，并且发明了"Ctrl + Alt + Del"三键组合的"热启动"方式。

✧ Bill Gates：领导微软公司在 1981 年开发出用于 IBM PC 的操作系统—MS-DOS，并在其后的 20 年里建立了一个软件帝国，微软公司的 Windows 操作系统风靡全球，安装在全球 95%以上的 PC 机中。

✧ Mitch Kapor：1982 年开发出 Lotus 1-2-3。

✧ Aldus：1985 年发布了运行在苹果电脑上的 PageMaker 软件，开创了桌面出版的新时代。

✧ John P. Karidis 博士：IBM 个人计算机部门总出工程师，负 责开发产品概念和设计，他在 1995 年发明了"蝴蝶"键盘，该键盘在 IBM ThinkPad 701C 上使用，目前已经被纽约现代艺术博物馆永久收藏。

图 11-21　第（6）题样张

实验十二　表格的制作

实验目的

（1）学习并掌握表格的制作方法、表格的修改与调整。
（2）学会文本转换成表格及将表格转换成普通文本的方法。
（3）理解在表格中进行简单的计算和排序。
（4）掌握对表格进行格式化。

实验内容与操作步骤

实验 12-1　建立一个 6 行 7 列的空白表格，并输入表格的内容，如表 12-1 所示。

表 12-1 输入表格内容

学号	姓名	性别	专业	高等数学	大学英语
A01	兰晓	女	通信 1	82	79
A02	李英	女	电子 2	56	68
A03	王涛	男	化工 1	75	69
A04	陈强	男	通信 2	89	95
A05	刘波	男	通信 1	91	100

（1）新建或打开一个 Word 文档，并将插入点移到要创建表格的位置。

（2）打开"插入"选项卡，单击"表格"按钮，弹出如图 12-1 所示的"表格"命令列表。单击"插入表格"（如果插入的表格行列数较少且规则，可使用鼠标直接在行列"表格网格"中选择）命令，弹出"插入表格"对话框，如图 12-2 所示。

图 12-1 "表格"命令及其下拉列表　　图 12-2 "插入表格"对话框

（3）在图 12-2 中，"列数"框输入或选择 6，"行数"框输入或选择 6。单击"确定"按钮，生成一张 6×6 的空白表格。

（4）在表格的第一行中分别输入"学号"、"姓名"、"性别"、"专业"、"高等数学"和"大学英语"，在下面五行中输入表 12-1 的其余内容。

（5）最后，以文件名 table1.docx 存盘。

实验 12-2 创建一个如表 12-2 所示的复杂表格。

表 12-2 一个复杂表格

品名	微波炉	功率	900 瓦
单价		外形尺寸	
最高	最低	长×宽×高（mm）	
1500	298	500×300×300	

（1）新建或打开一个 Word 文档，并将插入点移到要创建表格的位置。

（2）单击如图 12-1 所示的"表格"命令列表中的"绘制表格"命令，Word 此时进入表格绘制状态，鼠标指针变为铅笔状"$\mathscr{J}$"，按下 Esc 键可结束绘制表状态。

（3）首先确定表格的外围边框，从表格的一角拖拽至其对角，然后再绘制各行各列。

（4）如果要擦除框线，在表格工具"设计"选项卡中，单击"绘图边框"组中的"擦除"按钮，并在要擦除的框线上拖动。

（5）创建表格后，在表格中输入文本，如表 12-2 所示。

（6）最后，以文件名 table2.docx 存盘。

实验 12-3　编辑表格。

（1）打开 table1.docx 文件，将"兰晓"改为"兰丽"，方法为：将插入点定位在"晓"字处，按下 Insert 键，将文字录入模式变为"改写"状态，输入"丽"。改写完成后，再按 Insert 键一次，将文字录入模式变为"插入"状态。

（2）将"大学英语"和"高等数学"这两列交换位置，操作步骤为：移动光标到"高等数学"列顶端的边框处，当指针变为向下的箭头"↓"时，单击，该列呈反白显示，当光标变为左上方箭头"↖"时，按下左键并拖拽虚线插入点到"大学英语"后松开左键，两列内容交换。

（3）在表格的下部增加五行，如表 12-3 中带网格线的五行内容。

表 12-3　表格的编辑

学号	姓名	性别	专业	大学英语	高等数学
A01	兰晓	女	通信 1	79	82
A02	李英	女	电子 2	68	56
A03	王涛	男	化工 1	69	75
A04	陈强	男	通信 2	95	90
A05	刘波	男	通信 1	100	91
A06	李艳	女	通信 2	86	83
A07	钱程	男	通信 1	74	90
A08	张伟	男	电子 2	66	50
A09	王英	女	化工 1	100	76
A10	周俊	男	化工 1	49	61

（4）将鼠标指针移到需要调整行高和列宽的水平或垂直标尺上，当鼠标变成"↕"或"↔"形状时，按下鼠标左键并拖拽标尺至合适的位置。

（5）选中整个表格，打开表格工具"布局"选项卡，单击"对齐方式"中的"水平居中"按钮，使表格的各行内容在单元格中水平及垂直居中。

实验 12-4　对表 12-3 进行计算和排序。

（1）将插入点移到表格最后一列的外侧，打开表格工具"布局"选项卡，单击"行和列"组中的"在右侧插入"按钮，在表格的外侧插入一列。

（2）单击新插入列中的第一个单元格，输入文字"平均分"三字。

（3）将插入点移到新建列的第二个单元格中，单击"数据"组中的"公式"命令 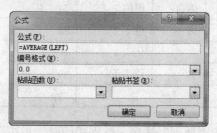，打开"公式"对话框，如图 12-3 所示。

图 12-3 "公式"对话框

在"公式"框中输入公式为"=AVERAGE(LEFT)"，在"编号格式"框中输入"0.0"，单击"确定"按钮，该单元格中的平均值为 80.5，同样方式计算其他各行的平均分，如表 12-4 所示。

表 12-4 插入一列后的表格

学号	姓名	性别	专业	大学英语	高等数学	平均分
A01	兰晓	女	通信 1	79	82	80.5
A02	李英	女	电子 2	68	56	62.0
A03	王涛	男	化工 1	69	75	72.0
A04	陈强	男	通信 2	95	90	92.5
A05	刘波	男	通信 1	100	91	95.5
A06	李艳	女	通信 2	86	83	84.5
A07	钱程	男	通信 1	74	90	82.0
A08	张伟	男	电子 2	66	50	58.0
A09	王英	女	化工 1	100	76	88.0
A10	周俊	男	化工 1	49	61	55.0

（4）将插入点移到表格的最后一个单元格中，按 Tab 键，添加一新行。

（5）将插入点移到新建行的第五列中，使用"公式"命令，确认公式框中为"AVERAGE(ABOVE)"后，单击"确定"按钮，则添入表格第一列的平均值为 78.6；用同样方法求其他各列的平均值，如表 12-5 所示。

表 12-5 插入一行后的表格

学号	姓名	性别	专业	大学英语	高等数学	平均分
A01	兰晓	女	通信 1	79	82	80.5
A02	李英	女	电子 2	68	56	62.0
A03	王涛	男	化工 1	69	75	72.0
A04	陈强	男	通信 2	95	90	92.5
A05	刘波	男	通信 1	100	91	95.5
A06	李艳	女	通信 2	86	83	84.5

续表

学号	姓名	性别	专业	大学英语	高等数学	平均分
A07	钱程	男	通信1	74	90	82.0
A08	张伟	男	电子2	66	50	58.0
A09	王英	女	化工1	100	76	88.0
A10	周俊	男	化工1	49	61	55.0
平均				78.6	75.4	77.0

实验 12-5 对表 12-5 按"性别"排序，性别相同时，再按平均分进行升序排序。

（1）在表 12-5 所示的表格中，选取除最后一行外的所有行。打开表格工具"布局"选项卡，执行"数据"组中的"排序"命令 ![排序图标]，弹出如图 12-4 所示的"排序"对话框。

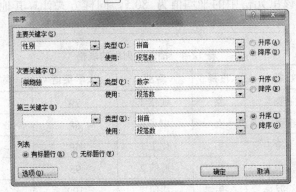

图 12-4　"排序"对话框

（2）在"排序"对话框中，选择下方"列表"栏中的"有标题行"单选按钮。然后，选择"主要关键字"下拉列表框中的"性别"，并选择右侧的"降序"单选按钮；在"次要关键字"下拉列表框中选择"平均分"，并选择右侧的"升序"单选按钮。单击"确定"按钮，表格排序成功，如表 12-6 所示。

表 12-6　按关键字"性别"和"平均分"排序后的表格

学号	姓名	性别	专业	大学英语	高等数学	平均分
A09	王英	女	化工1	100	76	88.0
A06	李艳	女	通信2	86	83	84.5
A01	兰晓	女	通信1	79	82	80.5
A02	李英	女	电子2	68	56	62.0
A05	刘波	男	通信1	100	91	95.5
A04	陈强	男	通信2	95	90	92.5
A07	钱程	男	通信1	74	90	82.0
A03	王涛	男	化工1	69	75	72.0
A08	张伟	男	电子2	66	50	58.0
A10	周俊	男	化工1	49	61	55.0
平均				78.6	75.4	77.0

实验 12-6　普通文本和表格间的相互转换。

（1）新建一个文档，将表 12-1 所示的表格复制到本文档中。

（2）将插入点移到表格中，打开表格工具"布局"选项卡，单击"数据"组中的"转换为文本"按钮，弹出如图 12-5 所示的"表格转换成文本"对话框。

（3）在"文本分隔符"栏下，选择"其他字符"单选按钮并在其右侧的文本框中输入中文逗号"，"，单击"确定"按钮，则表格转换为下面的文本内容。

学号，姓名，性别，专业，高等数学，大学英语

A01，兰晓，女，通信 1，82，79

A02，李英，女，电子 2，56，68

A03，王涛，男，化工 1，75，69

A04，陈强，男，通信 2，89，95

A05，刘波，男，通信 1，91，100

（4）选定上述内容，打开"插入"选项卡，单击"表格"列表框中的"文字转换成表格"命令，弹出"将文字转换成表格"对话框，如图 12-6 所示。

图 12-5　"表格转换成文本"对话框　　图 12-6　"将文字转换成表格"对话框

（5）一般情况下，系统会自动测试出数据项之间的分隔符，如中文逗号"，"，自动计算转换为表格的行和列数。如果用户不做其他修改的话，可直接单击"确定"按钮，则文本放在一个 6 行 6 列的表格中。

思考与综合练习

（1）利用表 12-6 所示的表格，完成以下操作。

要求如下：

1）将表格的第一行的行高设置为 20 磅最小值，文字为黑体、粗体、小四、水平、垂直居中；其余各行的行高为 16 磅最小值，学号、姓名、性别和专业等所在列文字"靠下居中对齐"，各科成绩及平均分"靠右对齐"。

2）调整表格的各列宽度到最适合为止，按每个人的平均分从高到低排序，然后将整个表格居中。

3）将表格的外框线设置为 1.5 磅的粗线，内框线设置为 0.75 磅的细线，第一、二行的下线与第四列的右框线为 1.5 磅的双线，然后对第一行和最后一行添加 10%的底纹。

4）在表格的上面插入一行，合并单元格，然后输入标题"成绩表"，格式为黑体、三号、水平居中；在表格下面插入当前日期，格式为粗体、倾斜。

完成后的表格如表 12-7 所示。

表 12-7　样表

成绩表

学号	姓名	性别	专业	大学英语	高等数学	平均分
A10	周俊	男	化工 1	49	61	55.0
A08	张伟	男	电子 2	66	50	58.0
A02	李英	女	电子 2	68	56	62.0
A03	王涛	男	化工 1	69	75	72.0
A01	兰晓	女	通信 1	79	82	80.5
A07	钱程	男	通信 1	74	90	82.0
A06	李艳	女	通信 2	86	83	84.5
A09	王英	女	化工 1	100	76	88.0
A04	陈强	男	通信 2	95	90	92.5
A05	刘波	男	通信 1	100	91	95.5
平均				78.6	75.4	77.0

2013 年 6 月 20 日

（2）绘制如表 12-8 所示的表格。

要求如下：

1）创建 9 行 11 列的表格，各行等高 12 磅，第 1、4、7、10、11 列为 1.2 厘米，其余各列为 1 厘米。

2）按表 12-8 所示合并单元格。

表 12-8　样表

月份	货物 A			货物 B			货物 C			合计
	数量	单价	金额	数量	单价	金额	数量	单价	金额	

3）输入文本（全部宋体）：月份、合计（五号、段前距 6 磅，水平居中）；数量、单价、金额、货物（六号、行间距 0、段前距 2 磅，水平居中）。

4）按表 12-8 所示设置表格线：粗线（1.5 磅）；细线（0.5 磅）；两侧无边框。

（3）某文档中有如下内容：

【文档开始】

新天地公司销售第二部一季度销售额统计表（单位：万元）

姓名	一月份	二月份	三月份	总计
张玲	300	260	320	
李亮	255	240	280	
王明	368	280	300	
赵歌	400	300	255	
总计				

【文档结束】

要求完成如下操作：

1）将文中后六行文字转换成一个6行5列的表格，设置表格居中、表格列宽为2厘米、行高为0.8厘米、表格中所有文字靠下居中。

2）在"总计"列的左侧插入一行，其标题为"平均销售额"，并计算出平均销售额。

3）分别计算表格中每人销售额总计和每月销售额总计。

（4）绘制中国象棋，如图12-7所示。

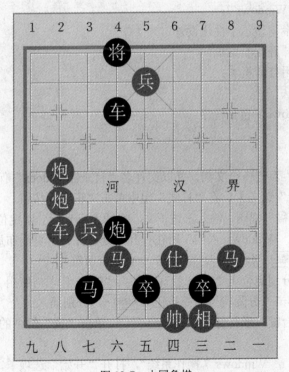

图 12-7 中国象棋

实验十三 提取目录与邮件合并

实验目的

（1）了解大纲视图的工作方式。

（2）学会使用大纲工具栏生成大纲。

（3）学会使用 Word 中的邮件合并功能。

实验内容与操作步骤

实验 13-1　按以下步骤制作目录，其中文本内容如下：

【正文开始】

第 2 章 Windows 7 操作系统

2.1　Windows 7 入门

2.1.1　认识 Windows 7 操作系统

2.1.2　设置 Windows 7 桌面

2.1.3　认识窗口与对话框

2.1.4　操作窗口与对话框

2.2　管理文件

2.2.1　使用"资源管理器

2.2.2　操作文件与文件夹

2.3　管理与应用 Windows 7

2.3.1　屏幕分辨率与显示个性化设置

2.3.2　任务栏和「开始」菜单

2.3.3　安装和使用打印机

2.3.4　中文输入法

2.3.5　使用 Windows 7 自带程序

习题 2

【正文结束】

（1）打开 Word，新建一个文档，并以文件名"目录制作.docx"保存。

（2）打开"开始"选项卡，在"样式"组中单击"正文"按钮。

（3）切换到"草稿"视图，输入上述正文。将插入点光标分别定位于"第 2 章 Windows 7 操作系统"和"2.1　Windows 入门"所在行开始处，打开"页面布局"选项卡，单击"分隔符"命令按钮，分别插入一个"下一页"分节符。

再将插入点光标分别定位于"2.2　管理文件"、"2.3　管理与应用 Windows 7"和"习题 2"所在行开始处，单击"分隔符"命令按钮，分别插入一个"分页符"（也可直接按下 Ctrl+Enter 组合键，或打开"插入"选项卡，单击"页"组中的"分页"命令按钮），将其上下分成两页。

（4）选择"第 2 章 Windows 7 操作系统"，打开"开始"选项卡，在"样式"组中单击"标题 1"按钮，并设置好字体和字号，如设置为楷体、二号、段前和段后距离分别为 17 磅和 16.5 磅。

依次选择"2.1　Windows 7 入门"、"2.2　管理文件"、"2.3　管理与应用 Windows 7"和"习题 2"等内容，在"样式"组中单击"标题 2"按钮，并设置好字体和字号，如设置为黑体、小三号、段前和段后距离分别为 6 磅。

其他内容，在"样式"组中单击"标题 3"按钮，并设置好字体和字号，如设置为宋体、小四号、段前和段后距离分别为 6 磅。

标题级别设置完成后，左侧会出现一个黑色小方块标志，如图 13-1 所示。

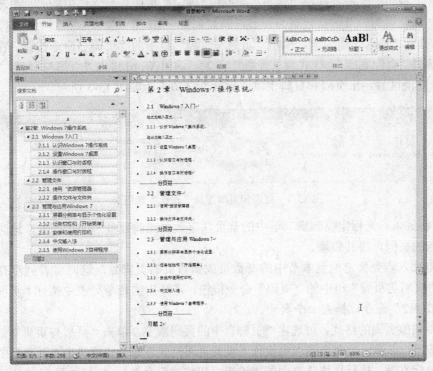

图 13-1 定义标题的级别

（5）将插入点光标定位于"第 2 章 Windows 7 操作系统"所在行，打开"页面布局"选项卡，单击"页面设置"组右下角的"对话框启动器"按钮，打开"页面设置"对话框，如图 13-2 所示。

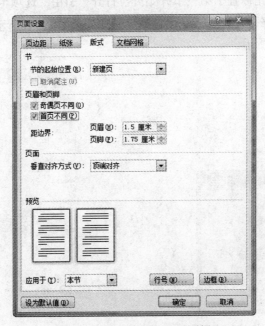

图 13-2 "页面设置"对话框

　　单击"版式"选项卡，在"页眉和页脚"栏处，分别勾选"奇偶页不同"和"首页不同"复选框，在"应用于"框处选择"本节"。单击"确定"按钮后，文档中的"页眉和页脚"被分为三节，即首页为一节，奇数页为一节，偶数页为一节。

　　（6）打开"插入"选项卡，单击"页眉与页脚"组中的"页码"命令按钮，在弹出的命令列表中选择"页面底部"，样式为"普通数字 2"。这时 Word 进入"页眉与页脚"编辑状态，同时 Word 功能区显示出页眉和页脚工具"设计"选项卡，如图 13-3 所示。

图 13-3　页眉和页脚工具"设计"选项卡

　　（7）将插入点光标定位到第二节中的首页（奇数页或偶数页）的页脚处，这时可以看到页脚有插入的页码，将其删除。

　　分别将插入点光标定位到本节中的奇数页或偶数页的页脚处，这时可看到没有显示的页码。单击"页眉与页脚"组中的"页码"命令按钮，在弹出的命令列表中执行"页面底部"中的"普通数字 2"命令，插入一个页码。

　　如果要调整页码的格式，可选定"页脚"中的页码数字，单击"页眉与页脚"组中的"页码"命令按钮，在弹出的命令列表中执行"设置页码格式"命令（或选定"页脚"中的页码数字并单击鼠标右键，执行快捷菜单中的"设置页码格式"命令），打开如图 13-4 所示的"页码格式"对话框。

　　在"编号格式"框处，选择一个页码样式；在"页码编号"栏处，选择"起始页码"单选按钮，并在页码文本框处输入数字"1"，表示本节的页码编号从 1 开始。

　　（8）生成目录。将光标置于第一节开始处，打开"引用"选项卡，单击"目录"按钮，在弹出的命令列表中选择一种样式，如"自动目录 2"，如图 13-5 所示。至此，目录在指定位置已经生成，如图 13-6 所示。

图 13-4　"页码格式"对话框

图 13-5　"目录"命令列表

按下 Esc 键，返回到正文编辑状态。

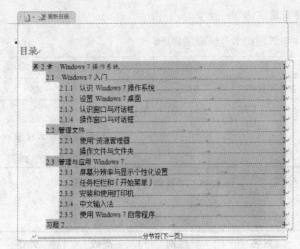

图 13-6　生成的目录

注：如果执行"目录"命令列表中的"插入目录"命令，则打开"目录"对话框，如图 13-7 所示。

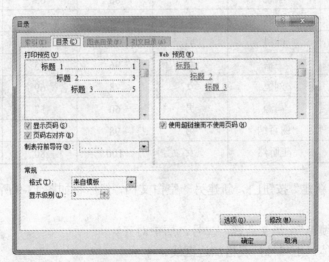

图 13-7　"目录"对话框

设置相关选项后，单击"确定"按钮，目录生成。

如果对已生成目录的字体、间距等设置不满意，用户也可以在目录中直接调整。

如果文章中某一处标题有改动，可在改动完后，在生成的目录上单击右键，在弹出的快捷菜单中选择"更新域"选项，所修改处在目录中会自动修改。

实验 13-2　某班学生打算利用成绩（数据保存在文档"成绩.docx"中），如表 13-1 所示。创建一份成绩通知书，通知书的样式如图 13-8 所示。

操作方法及步骤如下：

（1）启动 Word 应用程序窗口，在"快速访问工具栏"上单击"新建"按钮，新建一个空白文档，然后将如表 13-1 所示的学生数据生成一张表格。该文档以"成绩.docx"为文件名存盘，并关闭该文档。

成 绩 单

（陈璐）同学：

你本学期期末考试成绩如下：

学号	高等数学	大学英语	计算机应用
201301004	98	92	88

学校 2013 年 9 月 2 日正式行单杠，请按时返校。

医药信息工程学院

2013 年 7 月 18 日

图 13-8 "邮件合并"后的样张

表 13-1 某班学生成绩

学号	姓名	性别	高数	外语	计算机
201301001	罗亮	男	49	89	0
201301002	卢泰林	男	78	84	82
201301003	李兢	男	88	65	90
201301004	陈璐	女	98	92	88
201301005	叶科	男	86	78	65
201301006	王蓓	女	96	95	76
201301007	刘恒	女	78	69	64
201301008	周源	男	60	57	100
201301009	谢百纳	男	98	70	85
201301010	王昕然	女	100	80	100

（2）再单击"新建"按钮，新建另一空白文档，然后将如图 13-9 所示的主控文档设计好。要求如下：

- 标题"成绩单"：华文新魏，二号，居中对齐。
- 正文：宋体，小二号；表格加边框线。
- 纸张大小：双面明信版（宽度 20 厘米，高度 14.8 厘米）；页边距：上、下、左、右分别为 2.4 厘米、2.4 厘米、2.1 厘米和 2.1 厘米。

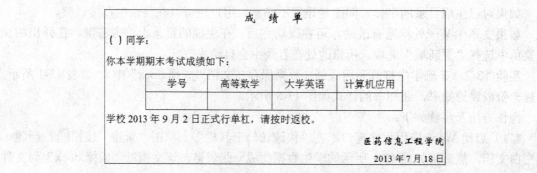

图 13-9 主控文档

（3）打开"邮件"选项卡，单击"选择收件人"命令按钮，在弹出的命令列表中执行"使用现有列表"，打开"选取数据源"对话框，如图 13-10 所示。

图 13-10　"选取数据源"对话框

（4）在"数据源类型"下拉列表框中选择类型为"所有数据源"，然后找到所需的数据文件为"成绩.docx"，单击"打开"按钮，数据源文件被加载到计算机内存。同时，"邮件"选项卡中有关邮件合并的命令按钮可以使用。

（5）将光标移动到所需位置，然后在"邮件合并"选项卡中单击"编写和插入域"组中的"插入合并域"命令按钮，弹出其命令列表，如图 13-11 所示。

（6）选择要插入的域名称，文档中将出现"《》"括住的合并域，如"《高数》"。依次将要的域插入到所需处，打印时，这些域将用数据源的域值代替。

（7）单击"预览结果"组中的"预览结果"命令按钮，主控文档中插入的域被数据源中的域值替换，同时"记录"导航条可用，用户可预览不同学生的成绩。

（8）最后一步就是将主控文档与数据合并到新文档。再次单击"预览结果"按钮，系统回到邮件合并编辑状态。单击"完成"组中的"完成并合并"命令按钮，在其展开的命令列表中执行"编辑单个文档"命令，打开"合并到新文档"对话框，如图 13-12 所示。

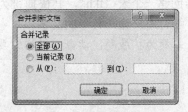

图 13-11　"插入合并域"命令列表　　　　图 13-12　"合并到新文档"对话框

　　选择"合并记录"的一个项目，单击"确定"按钮，Word 将结果合并到一个新文档。新文档是一个独立的文件，可单独保存。

思考与综合练习

（1）在 Word 中如何生成目录？生成目录有何好处？如何更新目录？
（2）某单位工作人员的薪金资料部分数据如下：

编号	姓名	性别	基本工资	补贴	扣款	实发工资	月份
Z001	李维	男	1400.00	840.00	-240.00	2000.00	2007/8/8
Z002	高杰	女	1100.00	660.00	-230.00	1530.00	2007/8/8
Z003	李平	女	1300.00	780.00	-250.00	1830.00	2007/8/8
Z004	张翔	男	800.00	480.00	-99.00	1181.00	2007/8/8
Z005	王杰	男	670.00	320.00	-70.00	920.00	2007/8/8
Z006	范玲	女	930.00	678.00	-116.00	1492.00	2007/8/8
Z007	罗方	男	1200.00	960.00	-230.00	1930.00	2007/8/8
Z008	赵宏	男	1500.00	1080.00	-265.00	2315.00	2007/8/8
Z009	罗兰	女	789.00	680.00	-115.00	1354.00	2007/8/8
Z010	胡敏	女	689.00	650.00	-120.00	1219.00	2007/8/8

　　利用上述数据，制作一个邮件合并文档，要求每页中显示三条信息，邮件合并后所形成的文档样式如下：

编号	姓名	性别	基本工资	补贴	扣款总额	实发工资
Z001	李维	男	1400.00	840.00	-240.00	2000.00

日期：2007/8/8

编号	姓名	性别	基本工资	补贴	扣款总额	实发工资
Z002	高杰	女	1100.00	660.00	-230.00	1530.00

日期：2007/8/8

编号	姓名	性别	基本工资	补贴	扣款总额	实发工资
Z003	李平	女	1300.00	780.00	-250.00	1830.00

日期：2007/8/8

　　（3）在文档编辑时，经常需要输入符号"【】"，并在方括号中输入文字。以下我们使用宏记录器创建一个宏"fkh"，其快捷键为"Ctrl+\"，功能是输入符号"【】"，并将光标移至方括号中，等待用户输入其中的文字。

　　注： 本题为扩展题，读者可根据需要利用帮助进行操作。

第4章 Excel 2010 电子表格

实验十四 Excel 的初步使用

实验目的

（1）熟悉 Excel 的工作环境及组成，掌握工作簿、工作表和单元格的基本操作。

（2）熟练掌握工作簿的建立、打开和保存的操作方法。

（3）熟练掌握工作表的插入、删除、移动、复制及重命名等操作方法。

（4）掌握不同类型数据的录入方法、数据的编辑与修改方法。

（5）掌握单元格及区域的插入、删除、重命名、选定，以及数据的复制与移动等操作方法。

实验内容与操作步骤

实验 14-1 如表 14-1 所示的数据为部分学生成绩，利用该数据，建立工作表，并以"成绩单.xlsx"存盘。

表 14-1 部分学生成绩数据

学号	姓名	性别	出生日期	笔试	上机
201201001	樱桃小丸子	FALSE	1986-8-7	41	65
201201002	蜡笔小新	TRUE	1986-9-12	80	69
201201003	贱狗	FALSE	1988-3-25	76	71
201201004	樱木花道	TRUE	1988-1-2	46	54
201201005	史努比	TRUE	1987-8-5	90	80
201201006	小甜甜	TRUE	1987-5-19	67	39
201201007	皮卡丘	TRUE	1988-10-21	54	75
201201008	米老鼠	FALSE	1988-5-19	80	32
201201009	酷乐猫	FALSE	1987-12-22	88	80
201201010	噜噜米	FALSE	1988-4-9	63	100
201201011	黑杰克	TRUE	1987-9-12	55	76
201201012	多啦 A 梦	FALSE	1986-11-26	60	80
201201013	碱蛋超人	TRUE	1988-3-5	46	57
201201014	哈利波特	TRUE	1987-8-21	50	87
201201015	向达伦	FALSE	1986-12-3	84	44

操作方法及步骤如下：

（1）启动 Excel，系统自动建立一个名为"工作簿 1.xlsx"的工作簿。

（2）在工作窗口中，选择 A1 为活动单元格，并以该单元格为首行，建立学生成绩表，表中各字段（标题）名分别为：学号、姓名、性别、出生日期、笔试、上机。

（3）单击"学号"所在列名称 A，选定 A 所在列。然后，打开"开始"选项卡，单击"数字"组中的"数字格式"命令 常规 右侧的下拉按钮，在弹出列表中单击"文本"命令，设置此列单元格中的数据类型为"文本"，这时"学号"所在列再输入由数字组成的数据时，将被看作为文本（字符型）。

同样，可将"出生日期"所在列的数据类型设置为"自定义（yyyy-mm-dd）"，其他列设置为"常规（默认）"方式。

（4）单击"性别"单元格，打开"审阅"选项卡，再单击"批注"组中的"新建批注"命令 （或按下组合键 Shift+F2），为该单元格插入一个批注。在批注窗口中输入内容"TRUE：男"、"FALSE：女"。、

（5）单击 E 列，然后按下 Ctrl 键，再单击 F 列，将 E、F 两列选定。

（6）打开"数据"选项卡，单击"数据工具"组中的"数据有效性"命令 。在其弹出的列表中单击"数据有效性"命令，打开"数据有效性"对话框，如图 14-1 所示。

图 14-1 "数据有效性"对话框

（7）单击"设置"选项卡，在"允许"下拉列表框中选择"整数"，在"数据"下拉列表框中选择"介于"，在"最小值"文本框中输入 0，在"最大值"文本框中输入 100；单击"确定"按钮，输入数据有效性设置生效。

单击"出错警告"选项卡，可以设置在数据输入无效时，系统出现的提示信息；单击"输入信息"选项卡，可以设置在确定单元格时，系统出现的信息提示。

（8）单击"快速访问工具栏"中的"记录单"命令 ，打开"记录单"对话框，如图 14-2 所示。用户可利用"记录单"对话框输入各学生的成绩信息。学生成绩信息录入完毕后，单击"关闭"按钮，数据记录输入完毕。

注：如果"快速访问工具栏"中无"记录单"命令按钮，可将此命令添加到其中。

单击"快速访问工具栏"上的"保存"按钮 ，打开"另存为"对话框，将工作簿以"成绩单.xlsx"存盘，关闭 Excel 系统。

实验 14-2 在实验 14-1 的基础上，制作如图 14-3 所示的工作表。

操作方法及步骤如下：

（1）启动 Excel，单击"快速访问工具栏"上的"打开"按钮 ，打开工作簿"成绩单.xlsx"。

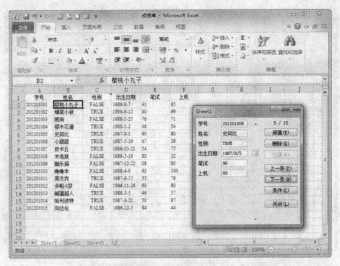

图 14-2　利用"记录单"对话框录入数据

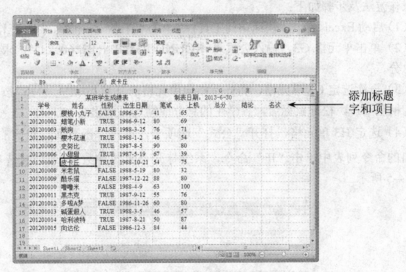

图 14-3　插入 1 行和 3 列的学生成绩表

（2）在 G、H 和 I 列分别输入字段名（标题名）：总分、结论和名次。

（3）单击行标号"1"，选定该行，在"开始"选项卡中单击"单元格"组中的"插入"按钮 。在弹出的命令列表中执行"插入工作表行"命令，这时在第一行的前面插入一空行（要插入一空行，也可鼠标右击行标号，执行快捷菜单中的"插入"命令）。

（4）单击 A1 单元格并输入文本："某校学生成绩表　制表日期：2013-6-30"。

（5）选定单元格区域 A1:I1，打开"开始"选项卡，单击"对齐方式"组中的"合并后居中"按钮 。

（6）单击"快速访问工具栏"中的"保存"按钮 ，然后关闭 Excel 系统。

　　实验 14-3　输入数据，建立如图 14-4 所示的工作表，并以密码形式保存该文件。其中：总分=笔试×40%＋上机×60%；根据总分≥60 来判断"结论"是否通过。

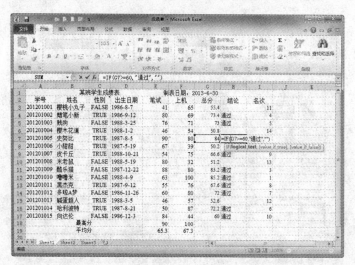

图 14-4   具有"结论"的学生成绩表

操作方法及步骤如下：

（1）启动 Excel，单击"快速访问工具栏"上的"打开"按钮 ，打开工作簿"成绩单.xlsx"。

（2）单击单元格 G3，输入公式"=ROUND(E3*40%+F3*60%,1)"，求出该学生笔试和上机的总分。

（3）再次选定 G3 单元格，将光标指向单元格右下角句柄 ┌─55.4┐，按下鼠标左键不放，拖拽句柄至 G17，松开鼠标后，各学生的总分成绩均显示出来。

（4）选定 H3 单元格，打开"公式"选项卡，单击"函数库"组中的"逻辑"按钮 。在弹出的命令列表中单击"IF"命令，系统打开"函数参数"（或公式选项面板）对话框，如图 14-5 所示。

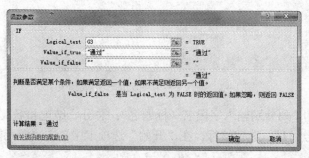

图 14-5   "函数参数"对话框

在图 14-5 中的"IF"框处，为 Logical_test 文本框输入单元格地址：G3；在 Value_if_true 文本框中输入："通过"；在 Value_if_false 文本框中输入：""，即不显示任何信息。

注：要输入单元格地址"G3"，用户也可单击 Logical_test 框右侧的"压缩对话框"按钮 （功能是隐藏"函数参数"对话框的下半部分，Excel 暂时回到编辑状态），使用鼠标单击 G3 单元格，再单击"展开对话框"按钮 （恢复显示"函数"对话框的下半部分）。

将单元格 H3 中的公式填充到 H4:H17 单元格中，完成判断学生成绩是否通过的工作。

在单元格 I3 处输入公式：=RANK($G3,$G$3:$G$17)，然后将公式复制到 I4:I17 中，即可根据总分给出学生成绩的名次。

实验 14-4　在实验 14-3 的基础上，观察窗口的冻结效果，然后以密码形式保存文件。

操作方法及步骤如下：

（1）选定 C3 单元格，然后打开"视图"选项卡。单击"窗口"组中的"冻结窗格"按钮 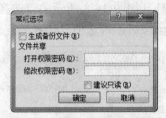，在弹出命令列表中执行"冻结拆分窗格"。移动水平或垂直滚动条，观察屏幕的变化。

（2）单击"窗口"组中的"冻结窗格"按钮，在弹出命令列表中执行"取消冻结窗格"命令。然后，再单击第 3 行标号或第 3 列标号，再次单击"窗口"组中的"冻结拆分窗格"按钮，观察屏幕的变化。

（3）单击"文件"选项卡，弹出其菜单，执行"另存为"命令，再单击"另存为"对话框右下方的"工具"按钮，在弹出的菜单中单击"常规选项"命令，弹出"常规选项"对话框，如图 14-6 所示。

图 14-6　"常规选项"对话框

在"打开权限密码"和"修改权限密码"中输入相应的密码，单击"确定"按钮，回到 Excel 工作窗口，保存退出，该工作簿即以密码的形式保存。

实验 14-5　选定单元格，如图 14-7 所示。

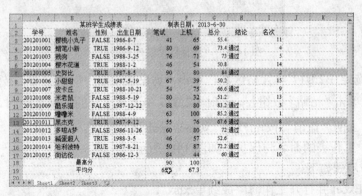

图 14-7　选定单元格

操作方法如下：

（1）启动 Excel，单击"快速访问工具栏"上的"打开"按钮 📂，打开工作簿"成绩单.xlsx"。

（2）单击 E2 单元格，然后按下 Shift 键，同时单击单元格 F17，即选定单元格区域 E2:F17；按下 Ctrl 键不放，拖拽鼠标从 B2 到 B17，增加选定区域 B2:B17；继续按下 Ctrl 键不放，单击第 7 行和第 13 行标号，增加 2 行的选定。

实验 14-6　单元格及行、列的插入、删除、复制与移动。

操作方法与步骤如下：

（1）启动 Excel 并打开工作簿"成绩单.xlsx"。

（2）单击工作表 Sheet 1，选定单元格区域 A1:I17，打开"开始"选项卡，单击"剪贴板"组中的"复制"按钮 ⊞ 复制▼；单击工作表 Sheet2 并单击单元格 A1；右击，在弹出的快捷菜单中选择"插入复制单元格"命令，将工作表"成绩单"中的单元格 A1:I17 数据复制到此处。

注：粘贴复制的内容时，可以使用"开始"选项卡上的"剪贴板"组中的"粘贴"按钮，也可右击鼠标，在弹出的快捷菜单中执行"粘贴选项"或"选择性粘贴"菜单中的相关命令。

（3）单击 D 列标号并右击，在弹出的快捷菜单中选择"删除"命令，删除"出生日期"所在的列（或使用"开始"选项卡上的"单元格"组中的"删除"按钮 ⊞ 删除▼）；选定单元格区域 A13:I13，按下 Delete 键（或单击"开始"选项卡上的"编辑"组中的"清除"按钮 ⊘ 清除▼），可清除单元格区域中的数据等内容。

（4）选定 B2:B17 单元格区域，并单击"复制"按钮 ⊞ 复制▼；然后，单击单元格 B21 并右击，在出现的快捷菜单中，依次单击"选择性粘贴"→"粘贴"，单击"转置"命令 🔲（或直接单击"选择性粘贴"菜单，打开如图 14-8 所示的"选择性粘贴"对话框，在该对话框中的"粘贴"栏处选择"数值"单选按钮，再选中"转置"复选框）。

图 14-8　"选择性粘贴"对话框

（5）再次选定 B2:B17 单元格区域，单击"剪贴板"组中的"剪切"按钮 ✂ 剪切；单击单元格 J2，然后单击"粘贴"按钮 🖺，这时 B2:B17 单元格区域的数据移动到 J2:J17；单击"快速访问工具栏"上的"撤消"按钮 ↻▼，观察屏幕出现的变化。

实验 14-7　工作表的命名与保护，如图 14-9 所示。

操作方法与步骤如下：

（1）启动 Excel 并打开工作簿"成绩单.xlsx"。

（2）在工作表名称 Sheet1 处右击（或双击工作表名称 Sheet1），在弹出的快捷菜单中选择"重命名"命令，输入新的工作表名称，如"成绩"。

（3）打开"审阅"选项卡，单击"更改"组中的"保护工作表"按钮 🔒，打开如图 14-10 所示的"保护工作表"对话框。

（4）选择所需的保护对象，然后在"取消工作表保护时使用的密码"框中输入保护密码，单击"确定"按钮，再次输入确认密码，再次单击"确定"按钮，工作表被保护。

（5）工作表被保护，"更改"组中的"保护工作表"按钮变为"撤消工作表保护"按钮 🔒。单击输入保护密码后，可撤消对工作表的保护。

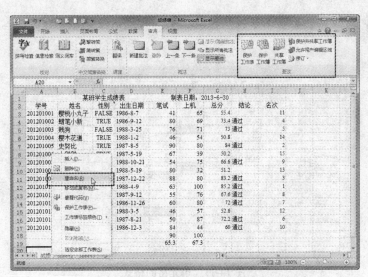

图 14-9　工作表的重命名和保护

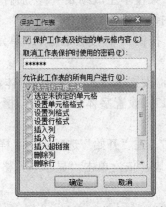

图 14-10　"保护工作表"对话框

（6）将鼠标移动到垂直滚动条的上方（或水平滚动条的右侧）并指向分割框 ■━ 或 ⎀，鼠标指针变为 ⇕ 形状，向下（或向左）拖拽到合适的位置，松开鼠标，工作表被拆分。

（7）单击"快速访问工具栏"上的"保存"按钮 ■，将工作簿存盘。

实验 14-8　工作表的移动及删除。

操作方法与步骤如下：

（1）启动 Excel 并打开工作簿"成绩单.xlsx"。

（2）单击工作表标签 Sheet2 并按住该标签拖动到工作表标签"成绩"上，松开鼠标，观察屏幕出现的变化（也可右击，在弹出的快捷菜单中选择"移动或复制工作表"命令，系统将弹出"移动或复制工作表"对话框，在该对话框中选择所需选项即可）。

（3）右击工作表标签 Sheet2，在弹出的快捷菜单中选择"删除"命令，可将该工作表删除。

实验 14-9　对工作簿"成绩单.xlsx"的"成绩"表进行格式化，如图 14-11 所示。

操作方法与步骤如下：

（1）启动 Excel，单击"快速访问工具栏"上的"打开"按钮 ☞，打开工作簿"成绩单.xlsx"。

（2）双击 A1 单元格，并将插入点移动到文字"某校学生成绩表"的后面，按下组合键

Alt+Enter（换行）。接着输入数个空格，将"制表日期：2013-6-30"移动到合适位置。

宋体，加粗倾斜，字号 20，合并居中

黑体，12 号，居中

楷体，11 号，分散对齐

条件格式：大于 85 分者加蓝底白字

学号	姓名	性别	出生日期	笔试	上机	总分	结论	名次
201201001	樱桃小丸子	FALSE	1986-8-7	41	65	55.4		11
201201002	蜡笔小新	TRUE	1986-9-12	80	69	73.4	通过	4
201201003	微 胸	TRUE	1988-3-25	76	71	73	通过	5
201201004	樱太花道	TRUE	1988-1-2	46	54	50.8		14
201201005	史努比	TRUE	1987-8-5	90	80	84	通过	2
201201006	小 铛 铛	FALSE	1987-5-19	67	39	50.2		15
201201007	皮 卡 丘	TRUE	1988-10-21	54	75	66.6	通过	9
201201008	米 老 鼠	FALSE	1988-5-19	80	32	51.2		13
201201009	懿 乐 猫	FALSE	1987-12-22	88	80	83.2	通过	3
201201010	唐 唐 米	FALSE	1988-4-9	63	100	85.2	通过	1
201201011	黑 杰 克	TRUE	1987-9-12	55	76	67.6	通过	8
201201012	多 啦 A 梦	FALSE	1986-11-26	60	80	72	通过	7
201201013	蜘蛛超人	TRUE	1988-3-5	46	57	52.6		12
201201014	哈利波特	TRUE	1987-8-21	50	87	72.2	通过	6
201201015	阿 达 伦	FALSE	1986-12-3	84	44	60	通过	10
	最高分			90	100			
	平均分			65.3	67.3			

图 14-11　单元格的格式

（3）选定 A1 单元格中的"某校学生成绩表"，然后打开"开始"选项卡。在"字体"组中的"字体"下拉列表框中选择"宋体"；单击"字号"下拉列表框，选择 20；之后，依次单击"加粗"按钮 **B**、"倾斜"按钮 *I*；接着选定 A1 单元格，并单击"段落"组中的"居中"按钮 ☰。

（4）选定单元格区域 A2:I2，设置字体和字号为：黑体、12；段落对齐方式为：居中。

（5）选定单元格区域 B3:B17，设置字体和字号为：楷体、12；段落对齐方式为：分散对齐。

（6）选定单元格区域 E3:F17，在"开始"选项卡的"样式"组中，单击"条件格式"按钮，弹出"条件格式"菜单列表。依次单击"显示单元格规则"→"大于"命令，打开如图 14-12 所示的"大于"对话框。

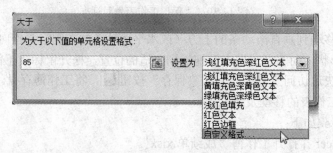

图 14-12　"大于"对话框

（7）在"为大于以下值的单元格设置格式："框中输入条件：85；单击"设置为"下拉按钮，选择"自定义格式"选项。在随后出现的"设置单元格格式"对话框中，设置格式为"蓝底白字"。两次单击"确定"按钮后，凡符合条件的单元格均按设置的格式显示。

（8）选定单元格区域 A2:I19，单击"字体"组的"边框"按钮 ⊞ ，打开"设置单元格格式"对话框，如图 14-13 所示。用户在"边框"选项卡中选择合适的边框，然后单击"确定"按钮，单元格边框设置完毕；同样地可对单元格区域设置底纹颜色。

（9）单击"快速访问工具栏"上的"保存"按钮 💾 ，将工作簿存盘，然后关闭 Excel 系统。

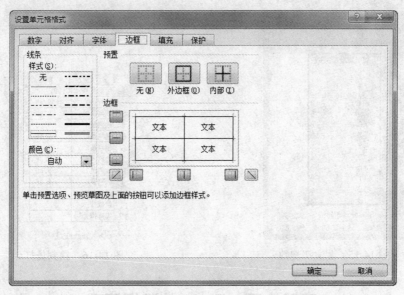

图 14-13　"设置单元格格式"对话框中的"边框"选项卡

思考与综合练习

（1）如图 14-14 所示，要求完成下面的操作：

1）在 F2 单元格设计填充公式，使得经填充后职业为教师的，在 F 列显示 200，否则显示 0。

2）如图 14-14 所示，在 G2 单元格设计填充公式，使得经填充后，工资中最后两位数为 66，在 G 列显示 100，否则显示 0。注意，工作表中的工资为整数。

3）如图 14-14 所示，在 H2 单元格设计填充公式，使得经填充后，性别若为女，在 G 列显示 100，否则显示 0。

	A	B	C	D	E	F	G	H
1	姓名	性别	职业	工资	津贴	薪金	奖金	三八奖
2	陈留	男	工人	1234				
3	卫芳	女	干部	680				
4	刘晓玉	女	教师	666				
5	华建军	男	医生	1356				
6	张飞	男	临工	500				
7	李小田	女	干部	2145				
8	吴倩	女	教师	1568				
9	李磊	男	工人	564				
10	欧阳伟	男	工人	569				
11	罗兰	女	干部	2121				

图 14-14　公式填充

（2）利用 Excel 公式填充方法，求出斐波那契数列的第 n 项值。斐波那契数列的前两个数为 1、1，以后每个数都是其前两个数之和，如图 14-15 所示。

（3）如图 14-16 所示，列出了 8 名裁判给某体操运动员的打分成绩。请在 B2:B10 单元格区域中分别输入裁判员给分。然后，按下列计分原则计算运动员的实际得分：去掉最高分和最低分，其余裁判员所给分的平均分就是该运动员的实际得分。

（4）接上题，假如 8 个裁判中有一个弃权（即没有给成绩，而不是给 0 分，需要在 C11 单元格计算有效给分裁判员的人数，最后在单元格 C12 中重新计算此时该运动员的实际得分）。

图 14-15　斐波那契数

	A	B
1	运动员号	C1001
2	裁判员1	9.25
3	裁判员2	8.85
4	裁判员3	9.00
5	裁判员4	9.15
6	裁判员5	9.25
7	裁判员6	8.95
8	裁判员7	9.60
9	裁判员8	9.45
10	最高分	9.60
11	最低分	
12	实际得分	
13		

图 14-16　裁判员打分

实验十五　Excel 的数据管理

实验目的

（1）掌握数据表的自动求和、排序与筛选功能。
（2）熟练掌握分类汇总表的建立、删除和分级显示。
（3）了解数据透视表的建立和使用方法。

实验内容与操作步骤

实验 15-1　修改如图 14-11 所示的"成绩"工作表数据，然后按性别进行升序排序，如果性别相同，再按姓名降序排列，最后将工作簿文件以"成绩单 1.xlsx"保存。

操作方法与步骤如下：

（1）启动 Excel，打开工作簿"成绩单.xlsx"，删除最后 2 行，修改成如图 15-1 所示的工作表。

按性别升序、姓名降序排序

	A	B	C	D	E	F	G	H	I
1				**某班学生成绩表**					
2							制表日期：2013-6-30		
3	学号	姓名	性别	出生日期	笔试	上机	总分	结论	名次
4	201201001	樱桃小丸子	FALSE	1986-8-7	41	65	55.4		11
5	201201015	南 达 伦	FALSE	1986-12-3	84	44	60	通过	10
6	201201008	氷 老 臭	FALSE	1988-5-19	80	32	51.2		13
7	201201010	嘻 嘻 氷	FALSE	1988-4-9	63	100	85.2	通过	1
8	201201009	酸 乐 猫	FALSE	1987-12-22	88	80	83.2	通过	3
9	201201003	我 A 狗	FALSE	1988-3-25	76	71	73	通过	5
10	201201012	多 啦 A 梦	FALSE	1986-11-26	60	80	72	通过	7
11	201201004	樱 木 花 道	TRUE	1988-1-2	46	54	50.8		14
12	201201006	小 铆 钉	TRUE	1987-5-19	67	39	50.2		15
13	201201005	史 劳 比	TRUE	1987-8-5	90	80	84	通过	2
14	201201007	皮 卡 丘	TRUE	1988-10-21	54	75	66.6	通过	9
15	201201002	蜡笔 小 新	TRUE	1986-9-12	80	69	73.4	通过	4
16	201201013	城 爱 超 人	TRUE	1988-3-5	46	57	52.6		12
17	201201011	黑 杰 克	TRUE	1987-9-12	55	76	67.6	通过	8
18	201201014	哈 利 波 特	TRUE	1987-8-21	50	87	72.2	通过	6

图 15-1　数据的排序

（2）打开"数据"选项卡，单击"排序和筛选"组中的"排序"按钮，打开如图 15-2 所示的"排序"对话框。

图 15-2 "排序"对话框

（3）在"主要关键字"下拉列表框中选择"性别"，在"次序"下拉列表框中选择"升序"；单击"添加条件"按钮，添加"次要关键字"为"姓名"，在"次序"下拉列表框中选择"降序"。

（4）单击"确定"按钮，完成操作。

（5）单击"文件"选项卡，执行"另存为"命令，以文件名"成绩单 1.xlsx"保存。

实验 15-2 将"上机≥80"以上的男生全部显示出来。

操作方法及步骤如下：

（1）启动 Excel，打开文件"成绩单 1.xlsx"。

（2）选择数据区域 A2:I17，打开"数据"选项卡，单击"排序和筛选"组中的"筛选"按钮，这时在每个字段旁显示出黑色下拉按钮▼，此按钮称为筛选器按钮，如图 15-3 所示。

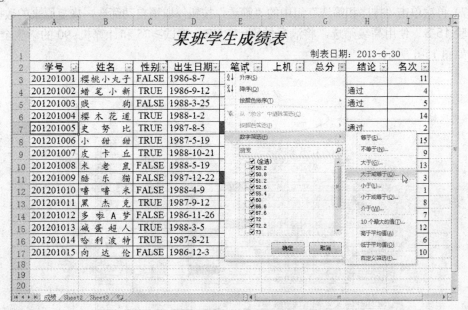

图 15-3 "自动筛选"及"筛选器"的使用

（3）单击"性别"下的筛选器按钮，直接在"搜索"框下方的列表中选择符合筛选条件的项，如 TRUE，这时系统出现筛选结果，即显示性别为 TRUE 的学生；这时，筛选器按钮变为漏斗符号 。筛选的数据行标号也呈现蓝色。

（4）单击"上机"下的筛选器按钮，打开"筛选器"下拉列表框，依次单击"数字筛选（不同的数据类型有不同的菜单名称）"→"大于或等于"，打开"自定义自动筛选方式"对话框，如图 15-4 所示。

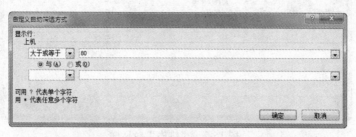

图 15-4   "自定义自动筛选方式"对话框

（5）在条件"大于或等于"右侧的文本框处输入 80，单击"确定"按钮，Excel 中显示上机≥80 的男性学生，如图 15-5 所示。

图 15-5   按条件筛选后的最终结果

（6）要取消某项筛选，可单击该项的筛选器按钮，在弹出的列表框中执行"从'XX'中清除筛选"命令即可。

（7）再次单击"排序和筛选"组中的"筛选"按钮，取消自动筛选，恢复原来的数据清单。

实验 15-3   使用高级筛选，将满足性别=TRUE、笔试≥75 和计算机<90 的学生全部显示出来，如图 15-6 所示。

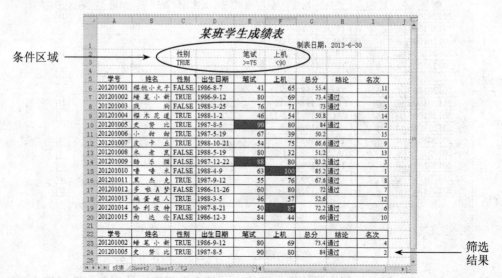

图 15-6   按条件进行高级筛选及其结果

操作方法与步骤如下：

（1）启动 Excel，打开工作簿文件"成绩单 1.xls"。

（2）在表格标题和表头之间插入三个空行，然后在对应的列输入筛选条件，即在"性别"、"笔试"和"上机"列处分别输入条件：TRUE、>=75 和<90，建立条件区域，如图 15-6 所示。

（3）打开"数据"选项卡，单击"排序和筛选"组中的"高级"按钮 ，弹出"高级筛选"对话框，如图 15-7 所示。

图 15-7　"高级筛选"对话框

（4）单击"列表区域"编辑框右侧的"压缩对话框"按钮，选择列表区域：成绩!$A$5:$I$20（也可直接输入引用的列表域）。

（5）单击"条件区域"编辑框右侧的"压缩对话框"按钮，选择条件区域：成绩!$C$2:$F$3（也可直接输入引用的条件域）。

（6）选中"将筛选结果复制到其他位置"单选按钮，接着单击"复制到"编辑框右侧的"压缩对话框"按钮，系统暂时回到编辑状态，在数据列表的下方选定一个区域，这里是：$A$22:$I$25；单击"展开对话框"按钮，回到"高级筛选"对话框。

（7）单击"确定"按钮，显示筛选结果。

实验 15-4　将"成绩"工作表按"性别"分类后，求出其笔试和上机成绩的平均值，结果如图 15-8 所示。

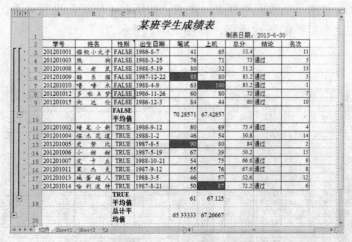

图 15-8　按性别进行分类汇总后的结果

操作方法与步骤如下：

（1）启动 Excel，打开"成绩单 1.xlsx"工作簿。按下 F12 功能键，将工作簿以文件名"分类汇总.xlsx"进行保存。

（2）单击工作表中"性别"列的任意一个单元格，然后，打开"数据"选项卡，单击"排序和筛选"组中的"升序"按钮，工作表按"性别"进行升序排序。

（3）单击工作表中的任一单元格，打开"数据"选项卡，单击"分级显示"组中的"分类汇总"按钮，打开"分类汇总"对话框，如图 15-9 所示。

图 15-9 "分类汇总"对话框

（4）在"分类字段"下拉列表框中，选择"性别"；在"汇总方式"下拉列表框中，选择"平均值"作为汇总计算方式；在"选定汇总项"列表框中，选择"笔试"和"上机"作为汇总项。

（5）单击"确定"按钮，完成操作。

（6）在分类汇总结果中，单击屏幕左边的□按钮，可以仅显示平均值而隐藏原始数据库的数据，这时屏幕左边变为⊞按钮；单击⊞按钮，将恢复显示隐藏的原始数据。

（7）要取消分类汇总，在打开的"分类汇总"对话框中，单击"全部删除"按钮即可。

实验 15-5 修改"成绩单 1.xlsx"中的"成绩"表，如图 15-10 所示。修改完成后，以"数据透视.xlsx"保存。创建一个数据透视表，要求：按所在"班级"进行分页，按"性别"分别统计出"笔试"和"上机"的平均成绩，如图 15-11 所示。

	A	B	C	D	E	F	G	H	I	J

某班学生成绩表

制表日期：2013-6-30

学号	姓名	性别	出生日期	班级	笔试	上机	总分	结论	名次
201201001	樱桃小丸子	FALSE	1986-8-7	2012.3班	41	65	55.4		11
201201002	蜡笔小新	TRUE	1986-9-12	2012.2班	80	69	73.4	通过	4
201201003	戡 狗	FALSE	1988-3-25	2012.2班	76	71	73	通过	5
201201004	樱木花道	TRUE	1988-1-2	2012.3班	46	54	50.8		14
201201005	史梦比	TRUE	1987-8-5	2012.3班	90	80	84	通过	2
201201006	小 甜甜	TRUE	1987-5-19	2012.3班	67	39	50.2		15
201201007	友卡丘	TRUE	1988-10-21	2012.1班	54	75	66.6	通过	9
201201008	米老鼠	FALSE	1988-5-19	2012.3班	80	32	51.2		13
201201009	酷乐猫	FALSE	1987-12-22	2012.1班	88	80	83.2	通过	3
201201010	嘻嘻米	FALSE	1988-4-9	2012.1班	63	100	85.2	通过	1
201201011	黑杰克	TRUE	1987-9-12	2012.1班	55	76	67.6	通过	8
201201012	多啦A梦	FALSE	1986-11-26	2012.1班	60	80	72	通过	7
201201013	磁蛋超人	TRUE	1988-3-5	2012.1班	46	57	52.6		12
201201014	哈利波特	TRUE	1987-8-21	2012.3班	50	87	72.2	通过	6
201201015	向达伦	FALSE	1986-12-3	2012.3班	84	44	60	通过	10

成绩 Sheet2 Sheet3

图 15-10 含有"班级"字段的学生成绩表

操作方法与步骤如下：

（1）启动 Excel，按图 15-10 所示修改"成绩单 1.xls"中的"成绩"表。修改完毕后，按下 F12 功能键，在打开的"另存为"对话框中以文件名"数据透视.xlsx"保存。

（2）在数据列表中任意处单击，即以后显示的数据区域为整个数据列表。

（3）打开"插入"选项卡，单击"表格组"中的"数据透视表"按钮，在弹出的菜单列表中单击"数据透视表"命令，出现"创建数据透视表"对话框，如图 15-12 所示。

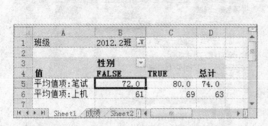

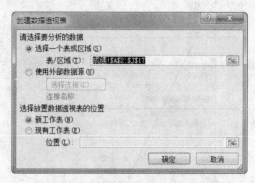

图 15-11　显示每班男女生各课平均成绩　　　　图 15-12　"创建数据透视表"对话框

（4）在"请选择要分析的数据"栏中单击"选择一个表或区域"单选按钮，在"表/区域"框中输入或选择待分析的数据区域，本题为：成绩!$A$2:$J$17。

（5）在"选择放置数据透视表的位置"栏中，选择"新工作表"单选按钮。单击"确定"按钮，Excel 系统便会在一个新工作表中插入一个空白的数据透视表，如图 15-13 所示。

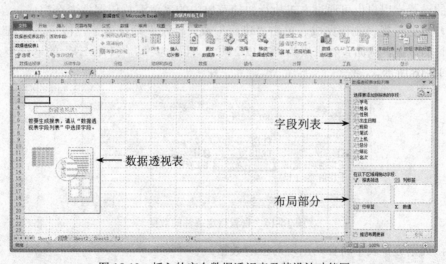

图 15-13　插入的空白数据透视表及其设计功能区

（6）利用右侧的"数据透视表字段列表"任务窗格，可根据需要向当前的数据透视表中添加数据。如将"班级"字段拖至下面的"报表筛选"区域；将"性别"字段拖至下面的"列标签"区域；将"笔试"和"上机"字段拖至"Σ 数值"区域，此时"行标签"处出现"Σ 数值"，如图 15-14 所示。在操作过程中，每操作一步，Excel 左侧的数据透视表就要变化一步（默认）。

（7）将鼠标移到左侧的"数据透视表"区域，并在"笔试"或"上机"汇总行上单击。然后，打开数据透视表工具"选项"选项卡，单击"活动字段"组中的"字段设置"按钮 **字段设置**，Excel 弹出如图 15-15 所示的"值字段设置"对话框。

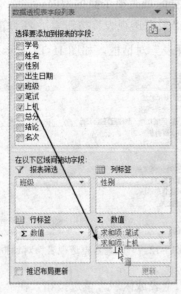

图 15-14　设计数据透视表

图 15-15　"值字段设置"对话框

在"值汇总方式"选项卡中的"计算类型"列表框中，选择"平均值"；单击"数字格式"按钮，设置"平均值"的"数字格式"为：数字，保留 1 位小数；对笔试和上机也做同样处理。

上面的设置，用户也可通过右击执行快捷菜单中的"值汇总依据"命令完成。

至此，数据透视表制作完成。单击"班级"或"性别"筛选器下拉按钮，可以选择只查看选定项目的数据，例如查看班级为"2012.2 班"，性别为"男（TRUE）"的笔试和上机平均分，如图 15-16 所示。

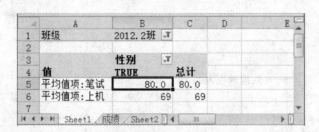

图 15-16　查看指定条件的数据

此时，数据透视表中将自动出现对应的数据。

（8）删除数据透视表的操作方法是：在数据透视表的任意位置单击，打开数据透视表工具"选项"选项卡。在"操作"组中单击"选择"下方的箭头，选择"整个数据透视表"，然后按下 Delete 键。

思考与综合练习

（1）建立如图 15-17 所示的数据表。

	A	B	C	D	E	F	G	H
1	序号	专业	姓名	性别	科目1	科目2	科目3	
2	1	计算机应用	张化	男	80	79	82	
3	2	法律	汪晓	女	78	73	72	
4	3	计算机应用	李敏	女	67	70	71	
5	4	法律	刘玲	女	94	95	96	
6	5	法律	吴天	男	76	77	73	
7	6	英语	朱枫	男	84	85	81	
8	7	计算机应用	赵灵	男	70	73	69	
9	8	英语	吕华	女	81	88	84	
10	9	计算机应用	王田	男	84	61	57	
11	10	计算机应用	刘奕	女	74	77	80	
12	11	法律	何其	男	79	83	82	
13	12	法律	方元	男	85	90	81	
14	13	英语	钱霞	女	83	88	81	
15	14	英语	冯蕊	女	90	100	93	
16	15	计算机应用	杜河	男	55	65	71	
17								

Sheet1 / Sheet2 / Sheet3 /

图 15-17　第（1）题图

完成下面的操作：

1）在 H 列添加 3 科平均成绩，取两位小数显示格式。

2）筛选出各专业中的男同学。

3）筛选出各专业中男同学 3 科平均成绩大于或等于 80 分的学生。

4）在第 18、19 和 20 行建立条件区，由第 22 行开始向下建立输出区。筛选并在输出区中得到"计算机应用"专业中男同学平均成绩大于或等于 80 分、低于 60 分的学生的姓名、各科成绩与平均成绩。

提示：建立条件区，如图 15-18 所示。

	A	B	C	D	E	F	G	H
17								
18	序号	专业	姓名	性别	科目1	科目2	科目3	平均成绩
19		计算机应用		男				>=80
20								<60
21								

Sheet1 / Sheet2 / Sheet3 /

图 15-18　建立条件区

5）分类汇总各专业的人数，并在上面汇总的基础上进一步分类各专业总平均成绩。

6）以"专业"作为行字段、"性别"作为列字段、"平均成绩"作为数据项建立数据透视表，了解男、女同学的平均成绩的差异。

（2）在 Excel 中，可以用多种方法对多个工作表中的数据进行合并计算。如果需要合并的工作表不多，可以用"合并计算"命令完成。合并计算时，要求各表中包含一些类似的数据，每个区域的形状可以不同，但必须包含有一些相同的行标题和列标题。

利用如图 15-19 所示的数据进行合并计算。

图 15-19　合并计算

实验十六　Excel 数据的图形化

实验目的

（1）掌握嵌入图表和独立图表的建立方法。

（2）掌握图表的编辑，理解系列数据在行和系列数据在列的含义。

（3）掌握不同类型图表和数据透视图的建立方法。

（4）理解工作表的打印设置和各种打印方法。

实验内容与操作步骤

实验 16-1　使用图 16-1 中的数据，创建反映销售人员销售数量的饼形图。

操作方法与步骤如下：

（1）启动 Excel，建立如图 16-1 所示的工作表，然后将工作簿以"销售.xlsx"为名存盘。

（2）单击数据清单中的任一单元格，再打开"插入"选项卡，单击"图表"组中的"饼图"按钮 。在弹出的命令列表中，单击"分离型饼图"（即第 2 个），如图 16-2 所示，Excel 工作区窗口上出现具有透明细线的绘图区。

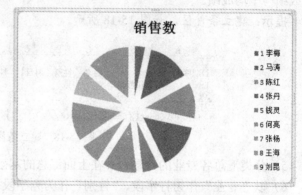

图 16-1　某公司销售员销售的商品数量	图 16-2　插入的绘图区和图表

要完成此操作，也可单击"图表"组右下角的"对话框启动器"按钮 ，依次单击"饼图"→"分离型饼图"→"确定"，Excel 中也会出现所选定类型的图表区。

（3）在透明细线的图表区中，拖动四角和每条边的中间的控制柄，用户可对图表进行移动、更改大小、复制和删除等操作。

（4）打开图表工具"设计"选项卡，使用"图表样式"组可以更改图表的样式，本题的图表样式为"样式 28"。

单击"类型"组中的"更改图表类型"按钮 ，Excel 打开如图 16-3 所示的"更改图表类型"对话框。在该对话框，选择一个要更改的类型，如"簇状柱形图"。

（5）打开图表工具"布局"选项卡，单击"标签"组中的"数据标签"按钮 ，从弹出的命令列表中执行"数据标签外"命令。

（6）在图表区中单击标题区，选定标题，将标题文字改为"各销售员占销售数的比例"。

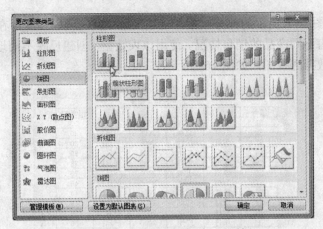

图 16-3　"更改图表类型"对话框

　　（7）单击图表区，打开图表工具"格式"选项卡，单击"形状样式"组中的"形状填充"按钮 形状填充，从弹出的命令列表中执行"渐变"菜单中的"其他渐变"命令，打开如图 16-4 所示的"设置图表区格式"对话框。

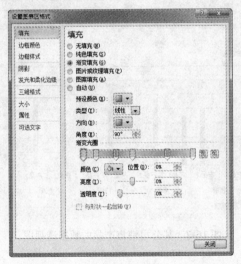

图 16-4　"设置图表区格式"对话框

　　在"设置图表区格式"对话框中，选择"填充"中的"渐变填充"单选按钮，选择一种颜色进行渐变填充，最终形成的饼图如图 16-5 所示。

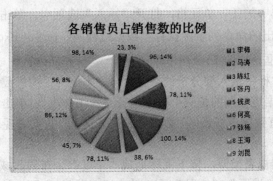

图 16-5　最终形成的图表

实验 16-2 如图 16-6 所示的部分数据，是某公司 2003 年和 2004 年在北京、上海、广州和成都四个地区销售不同产品的销售情况。使用该表数据，创建反映不同地区在不同年度，销售人员销售产品的数据透视图，如图 16-7 所示。

	A	B	C	D	E	F
1			某公司产品销售情况			
2	编号	销售员	地区	年度	产品	销售数
3	S1	李梅	上海	2006	产品1	23
4	S2	刘林	北京	2005	产品2	20
5	S3	陈红	成都	2005	产品1	30
6	S4	张丹	广州	2006	产品1	60
7	S5	李梅	上海	2005	产品1	38
8	S6	李梅	上海	2006	产品2	78
9	S7	刘林	北京	2005	产品2	45
10	S8	陈红	成都	2006	产品1	40
11	S9	陈红	成都	2005	产品2	48
12	S10	刘林	北京	2006	产品1	50
13	S11	张丹	广州	2005	产品1	56
14	S12	张丹	广州	2006	产品2	60
15	S13	刘林	北京	2006	产品2	60
16	S14	陈红	成都	2006	产品2	46
17	S15	张丹	广州	2005	产品2	34
18	S16	李梅	上海	2005	产品2	17
19						

图 16-6　某公司不同年度销售产品的部分数据

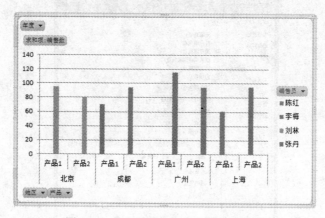

图 16-7　某公司销售产品的数据透视图

操作方法与步骤如下：

（1）启动 Excel，建立如图 16-6 所示的工作表，右击工作表标签 Sheet1，在快捷菜单中选择"重命名"命令，将工作表重新命名为"销售数量"；单击"快速访问工具栏"上的"保存"按钮 ⬛，将工作簿以"数据透视图.xlsx"为名存盘。

（2）单击数据清单中的任一单元格，打开"插入"选项卡。单击"表格"组中的"数据透视表"按钮 🔲，在弹出的命令列表中执行"数据透视图"命令，Excel 弹出"创建数据透视表及数据透视图"对话框，如图 16-8 所示。

（3）在"表/区域"框中输入要分析的数据区域，本题为：销售数量!$A$2:$F$18；在"选择放置数据透视表及数据透视图的位置"框中选择"新工作表"。单击"确定"按钮后，Excel新建一张工作表，表中有数据透视表区、数据透视图表区和"数据透视表字段列表"任务窗格，如图 16-9 所示。

（4）与制作数据透视表类似，按下鼠标拖拽"年度"至布局区域中的"报表筛选"区，设置以年度分页；拖拽"地区"、"产品"至"轴字段（分类）"区，按地区和产品分列显示；

拖拽"销售员"数据项到"图例字段（系列）"区；拖拽"销售数"数据项至"Σ数据"区，以决定在数据透视表中显示的数据项。

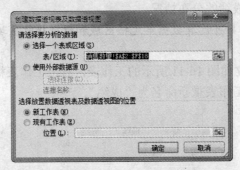

图 16-8 "创建数据透视表及数据透视图"对话框

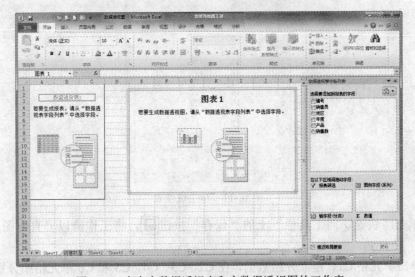

图 16-9 含有空数据透视表和空数据透视图的工作表

与此同时，在操作不同的字段时，数据透视表区、数据透视图表区会出现与之对应的变化，即 Excel 能自动生成数据透视表和数据透视图，如图 16-10 所示。

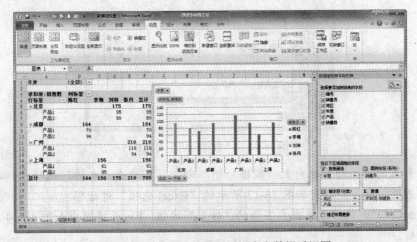

图 16-10 最终形成的数据透视表和数据透视图

实验 16-3 在一个有 20 名学生的班里，学生某学科成绩如图 16-9 所示，成绩介于 50～100 之间。现将学生成绩按 59 分以下、60～69、70～79、80～89 以及 90～100 分成五组，试用直方图来表示该班学生成绩的分布情况。

注："直方图"分析工具可计算数据单元格区域和数据接收区域的单个和累积频率。

操作方法与步骤如下：

（1）启动 Excel，建立如图 16-11 所示的工作表，右击工作表标签 Sheet1，在快捷菜单中选择"重命名"命令，将工作表重新命名为"成绩"。

	A	B	C
1	编号	成绩	分组
2	1	58	59
3	2	62	69
4	3	97	79
5	4	78	89
6	5	69	100
7	6	93	
8	7	100	
9	8	92	
10	9	84	
11	10	96	
12	11	98	
13	12	100	
14	13	71	
15	14	72	
16	15	56	
17	16	81	
18	17	83	
19	18	60	
20	19	63	
21	20	90	
22			

图 16-11 学生成绩表

（2）单击"快速访问工具栏"上的"保存"按钮 💾，将工作簿以"直方图.xlsx"为名存盘。

（3）单击单元格 C1，建立分组数据，在 C2、C3、C4、C5 和 C6 单元格中分别输入：59、69、79、89、100。

（4）打开"数据"选项卡，单击"分析"组中的"数据分析"按钮 📊 数据分析，打开如图 16-12 所示的"数据分析"对话框，选取"直方图"，单击"确定"按钮。

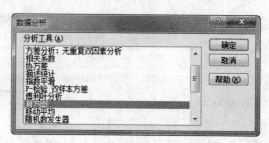

图 16-12 "数据分析"对话框

注意：如果读者的计算机内无"数据分析"命令，可单击"文件"选项卡，打开文件菜单，执行"选项"命令，打开如图 16-13 所示的"Excel 选项"对话框。

单击"加载项"，然后再单击左下角的"转到"按钮，Excel 将弹出如图 16-14 所示的"加载宏"对话框。

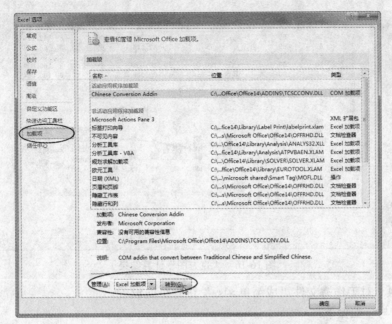

图 16-13 "Excel 选项"对话框

在此对话框中，勾选"分析工具库"，单击"确定"按钮，"数据"选项卡中出现一个"分析"组，组中出现一个"数据分析"按钮 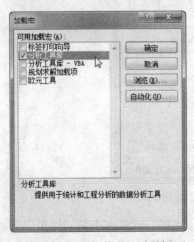 数据分析

（5）弹出"直方图"对话框，如图 16-15 所示。在"直方图"对话框中的"输入区域"框中输入待分析的数据区域 $B$2:$B$21；在"接收区域"框中输入定义区域的边界值 $C$2:$C$6；选中复选框"标志"，用于确定输入区域是否含有标志（标题）项；在"输出区域"框输入用于定义分析结果的输出区域 $E$1；选中复选框"柏拉图"、"累积百分率"和"图表输出"。"图表输出"可在输出表生成一个嵌入直方图。

图 16-14 "加载宏"对话框　　　　　　　图 16-15 "直方图"对话框

（6）单击"确定"按钮，Excel 进行直方图计算，结果如图 16-16 所示。

在图 16-16 所示的计算结果中，统计结果包括统计表和统计图两部分，从中可以很清楚地看到各个分组中成绩分布频率和累计百分比，如 90~100 分之间的学生人数有 8 人，占全部的 40%。

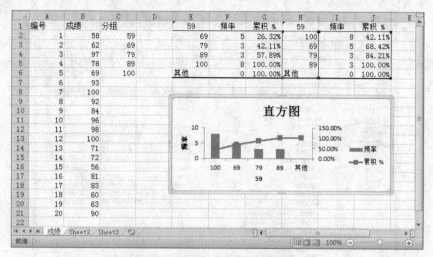

图 16-16 "直方图"计算结果

实验 16-4 对工作簿文件"成绩单.xlsx"进行页面设置。

操作方法与步骤如下：

（1）启动 Excel，单击"快速访问工具栏"上的"打开"按钮，打开工作簿"成绩单.xlsx"。

（2）单击"页面布局"选项卡，Excel 功能区出现"页面布局"各功能组，用户在此可对页面进行相关的设置，如设置打印区域等。本题使用"页面设置"对话框进行页面设置。

单击"页面设置"组右下角的"对话框启动器"按钮，系统弹出"页面设置"对话框，如图 16-17 所示。

图 16-17 "页面设置"对话框

（3）单击"页面"选项卡，设置打印方向、打印比例、纸张大小和起始页码等。这里选择纸张大小为 A4、打印方向为"纵向"，其他使用默认设置。

（4）单击"页边距"选项卡，输入数据到页边的距离及居中方式等。

（5）单击"页眉/页脚"选项卡，给打印页面添加页眉和页脚。

（6）单击"工作表"选项卡，选择打印区域、是否打印网格线等。

（7）页面设置完毕后，单击"页面设置"对话框下方的"打印预览"（或单击"快速访问工具栏"中的"打印预览")按钮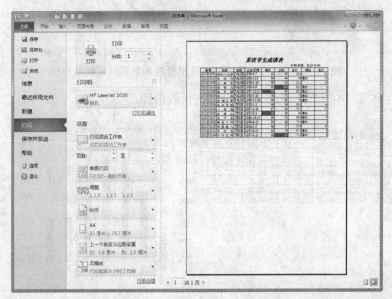，可进行打印预览以便观察打印效果。

（8）单击"页面设置"对话框下方的"打印"（或单击"快速访问工具栏"中的"打印"）按钮，可打印出全部页面。

（9）单击"文件"选项卡，弹出 Excel 文件菜单。单击其中的"打印"命令（或按 Ctrl+P 组合键），出现"打印"选项卡界面，如图 16-18 所示。

图 16-18　"打印"选项卡

（10）在该选项卡界面中，用户可选择打印机及打印的区域和打印范围等。单击"打印"按钮开始打印。

思考与综合练习

（1）创建如图 16-19 所示的工作表数据和一个三维簇状柱形图。要求：创建的图表为独立图表，图表标题为"2003 年部分省市进出口商品比较图表"，X 轴标题为"地区"，Y 轴标题为"金额（万元）"。

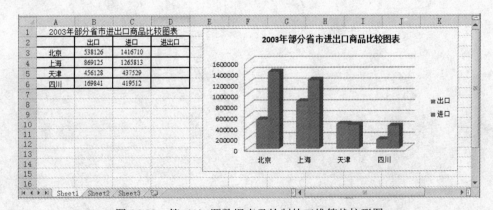

图 16-19　第（1）题数据表及绘制的三维簇状柱形图

（2）绘制正弦线，如图 16-20 所示。

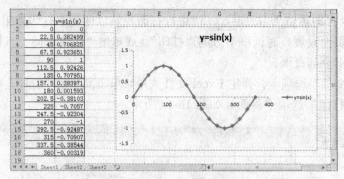

图 16-20　第（2）题绘制的带平滑线和数据标记的散点图

（3）利用如图 16-21 所示的数据，绘制一张股价图。

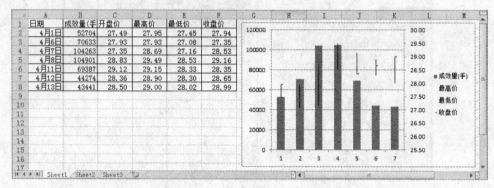

图 16-21　第（3）题数据表及绘制的股价图

第5章　PowerPoint 2010 演示文稿

实验十七　PowerPoint 的使用初步

实验目的

（1）掌握 PowerPoint 2010（以下简称 PowerPoint）的启动与退出方法，了解 PowerPoint 窗口界面的组成。

（2）重点掌握利用模板和空演示文稿制作演示文稿。

（3）学会在幻灯片上调整版式、录入文本、编辑文本等基本操作。

（4）学会正确放映演示文稿。

实验内容与操作步骤

实验 17-1　创建一个空白的演示文稿。

要创建一个空白的演示文稿，其方法有两种：

方法一：

在"快速访问工具栏"上单击"新建"按钮 ☐（或按 **Ctrl+N** 组合键），创建含有一张幻灯片的空白演示文稿，如图 17-1 所示。

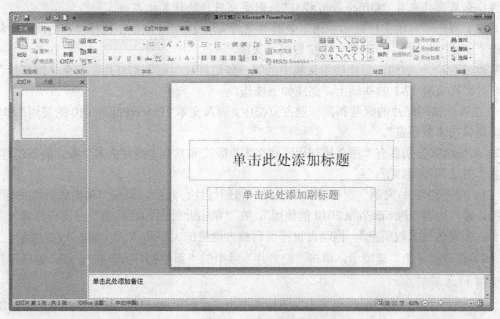

图 17-1　空白演示文稿

方法二：

（1）单击"文件"选项卡，在弹出的菜单中单击"新建"选项卡，打开如图 17-2 所示的"新建"选项卡界面。

图 17-2　"新建"选项卡

（2）在"可用的模板和主题"中，选择一个模板，如单击"样本模板"，打开"样本模板"列表界面，从中选择一个模板，单击"创建"按钮，将创建一个具有一定内容的演示文稿。

注：如果选择来自"Office.com 模板"，则要求用户的计算机在线。

本实验双击"可用的模板和主题"中的"空白演示文稿"（或单击选择"空白演示文稿"，再单击"创建"按钮），可新建一个空白演示文稿。

实验 17-2　一般地，新建演示文稿中的第一张幻灯片为标题幻灯片，其余"幻灯片"简称幻灯片。在实验 17-1 的基础上，完成如下操作。

1）在第一张幻灯片的标题和副标题占位符中，输入文本"PowerPoint 2010 的使用"和"编者：多媒体技术教研室"。

2）添加两张分别具有"垂直排列标题和文本"版式和具有"两栏内容"版式的新幻灯片。操作方法和步骤如下：

（1）在"幻灯片/大纲"窗格中，单击第一张幻灯片。然后，单击"单击此处添加标题"占位符，输入内容"PowerPoint 2010 的使用"；在"单击此处添加副标题"占位符处输入文本"编者：多媒体技术教研室"。拖动占位符可调整占位符的大小和位置，如图 17-3 所示。

（2）打开"开始"选项卡，单击"幻灯片"组中的"新建幻灯片"按钮，弹出下拉列表，如图 17-4 所示。

（3）找到"垂直排列标题和文本"图标并单击，此时就插入了一张具有该版式的新幻灯片（用户也可将鼠标定位到"幻灯片/大纲"窗格中需要的地方右击，执行快捷菜单中的"新建幻灯片"命令，插入一张幻灯片，但该幻灯片的版式为空白样式，用户需要利用"开始"选项卡→"幻灯片"组→"版式" 版式 命令修改）。

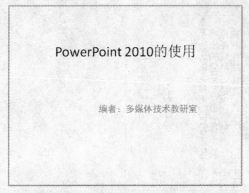

图 17-3　调整占位符的大小和位置

图 17-4　"新建幻灯片"及下拉列表

（4）用同样的方法可添加一张具有"两栏内容"版式的新幻灯片。

实验 17-3　在实验 17-2 的第二张幻灯片上添加文本，如图 17-5 所示。

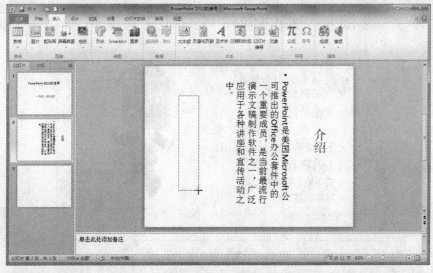

图 17-5　在幻灯片中插入一个文本框

操作方法与步骤如下：

（1）使用占位符添加文本。

在该幻灯片上，用户可看到标有"单击此处添加标题"、"单击此处添加文本"等字样的占位符，要插入文本对象时，只需单击这些占位符，即可在激活的文本区域内输入文本内容。

（2）使用文本框添加文本。

1）打开"插入"选项卡，单击"文本"组中的"文本框"按钮，接着在其展开的下拉列表框中，执行"横排文本框"或"垂直文本框"命令。

2）将鼠标指针移动到幻灯片上，拖拽鼠标画出一个文本框，如图 17-5 所示。

3）当文本框出现后，用户便可在其中输入文本对象，如果文本框太小，则可单击文本框边缘，拖拽四周的控制句柄到适当位置。

在演示文稿的第二、三张幻灯片的标题占位符、文本或内容占位符中分别输入如图 17-6 和图 17-7 所示的内容。

图 17-6　在标题和文本占位符处输入文本

图 17-7　第三张幻灯片内容

实验 17-4　对实验 17-3 创建的演示文稿进行保存、关闭、打开与放映。

操作方法与步骤如下：

（1）保存。直接单击"快速访问工具栏"上的"保存"按钮（或按 Ctrl+S 组合键），可对演示文稿进行保存。第一次保存时，会打开"另存为"对话框，将演示文稿以文件名"PowerPoint 幻灯片的制作.pptx"存盘。

（2）关闭。单击"文件"选项卡中的"关闭"命令（或按下组合键 Ctrl+W），可关闭演示文稿文件。

（3）打开。单击"快速访问工具栏"上的"打开"按钮📂（或单击"文件"选项卡，并执行"打开"命令，或按下组合键 Ctrl+O），可选择打开一个演示文稿。

（4）放映。打开"幻灯片放映"选项卡，单击"开始幻灯片放映"组的"从当前幻灯片开始"按钮📱（或按下组合键 Shift+F5，或单击右下角的"幻灯片放映"按钮🖵），则从当前幻灯片开始放映演示。如果单击"开始幻灯片放映"组的"从头开始"按钮📱（或按 F5 键），演示文稿将从第一张幻灯片开始放映，以供设计者观察幻灯片效果。

实验 17-5　幻灯片的各种基本操作。

（1）插入幻灯片。插入一张幻灯片的方法如下：

1）在"幻灯片/大纲"窗格中，单击欲插入幻灯片位置的前一张幻灯片（也可在两张幻灯片之间单击），新的幻灯片将被插入在当前幻灯片的后面。

2）打开"开始"选项卡，单击"幻灯片"组中的"新建幻灯片"按钮📱，弹出幻灯片版式列表，选择一种幻灯片版式即可插入一张新幻灯片，也可在"幻灯片/大纲"窗格中右击，执行快捷菜单中的"新建幻灯片"命令。

3）在幻灯片编辑窗格输入并编辑内容。

（2）复制幻灯片。在"幻灯片/大纲"窗格中，单击要复制的幻灯片，当该幻灯片的外框出现一个粗的黄色边框时，按住 Ctrl 键用鼠标拖动该幻灯片到新的位置，放开鼠标，就把幻灯片复制到新的位置了。

（3）删除幻灯片。在"幻灯片/大纲"窗格中，选中将要删除的幻灯片，按 Delete 键，或在"开始"选项卡的"幻灯片"组中单击"删除幻灯片"命令，该幻灯片立即就被删除了。

（4）缩放显示文稿。打开"视图"选项卡，单击"显示比例"组中的"显示比例"按钮📱，在弹出的"显示比例"对话框中确定一个比例大小后，"幻灯片/大纲"窗格中的幻灯片缩略图以及幻灯片编辑窗口的界面都将发生变化。

如果单击"适应窗口大小"按钮📱或 PowerPoint 窗口右下角的"使幻灯片适应当前窗口"按钮📱，则幻灯片编辑窗口可自动调整幻灯片的显示比例。

（5）重新排列幻灯片的次序。在"幻灯片/大纲"窗格中，单击要改变次序的幻灯片，当该幻灯片的外框出现一个粗的黄色边框时，用鼠标拖动该幻灯片到新的位置，放开鼠标，就把幻灯片排到新的位置了。

思考与综合练习

（1）建立演示文稿有几种方法？建立好的幻灯片能否改变其幻灯片的版式？

（2）如何通过"文件"选项卡中的"新建"选项卡，创建一个具有特定主题的演示文稿？

（3）在幻灯片中插入文本框有哪两种方式？它们的特点是什么？

（4）简述在"幻灯片/大纲"窗格中的"大纲"视图与在"普通视图"中编辑文字有什么区别？

（5）试按以下步骤完成演示文稿的设计，最终形成的演示文稿如图 17-8 所示。

1）打开 PowerPoint 2010，以"波形"为主题，创建一个演示文稿，演示文稿最后以文件名"在校大学生人数与经济增长的关系.pptx"保存。

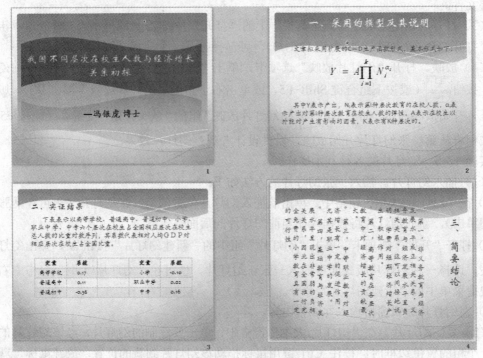

图 17-8　具有 4 张幻灯片的演示文稿

2）将演示文稿的背景样式改为"样式 10"。

3）在文稿的第一张幻灯片（即标题幻灯片）中，在"单击此处添加副标题"占位符处输入文本：－冯银虎博士；删除占位符"单击此处添加标题"。

4）添加一个艺术字，样式为：填充－无，轮廓－强调文字颜色 2，占位符宽 23 厘米，距离幻灯片左上角水平位置 1.1 厘米。

5）设置艺术字形状效果为：半映像，接触；更改艺术字形状为：波形；形状填充：红色；形状轮廓：无。

6）设置艺术字文本内容为：我国不同层次在校生人数与经济增长关系初探，字体为华文新魏，38 磅；文本填充色为：黄色。

7）插入一张版式为"两栏内容"的幻灯片，标题文字内容为：一、采用的模型及其说明。
第一栏文字内容为：

文章拟采用扩展的 C－D 生产函数形式，基本形式如下：

第二栏文字内容为：

其中 Y 表示产出，N_i 表示第 i 种层次教育的在校人数，$α_i$ 表示产出对第 i 种层次教育在校生人数的弹性，A 表示在校生以外能对产生有影响的因素，K 表示有 K 种层次的。

第一栏和第二栏宽度为：23 厘米；文本字形为楷体；大小为 24 磅。

插入一个公式，内容为：$Y = A \prod_{i=1}^{k} N_i^{α_i}$ 。

上述内容制作完成后，再调整各对象到适当位置。

8）插入一张版式为"内容与标题"的幻灯片，标题文字内容为：二、实证结果。

文本占位符内容为：

> 下表表示以高等学校、普通高中、普通初中、小学、职业中学、中专六个层次在校生占全国相应层次在校生总人数的比重对数序列，其系数代表相对人均 GDP 对相应层次在校生占全国比重。

单击"插入表格"图标，插入 4×5 的表格并录入内容。设置表格大小为：高 4.8 厘米，宽 20.06 厘米；样式为：浅色样式 3-强调 5。

9）添加一张版式为"垂直排列标题和文本"的幻灯片，标题文本内容为：三、简要结论。

文本占位符内容为：

> 第一，非义务教育与经济发展水平成正相关关系，义务教育与经济发展水平呈负相关关系。这可以间接地说明，学费对短期经济增长产生了积极作用。
>
> 第二，高等教育在各层次教育中对经济增长的贡献最大。
>
> 第三，中等职业教育对经济增长有一定的促进作用，尤其是职业中学的发展。
>
> 第四，基础教育与经济发展水平呈现出非常弱的负相关关系，因此在全国推行完全免费的小学教育具有一定的可行性。

实验十八　幻灯片的修饰和编辑

实验目的

（1）掌握对文本与段落的格式化操作。

（2）了解如何修改幻灯片的主题和背景样式。

（3）掌握和了解使用母版快速设置演示文稿的方法。

（4）了解在幻灯片中使用各种绘图工具，插入图片、声音等对象的操作。

实验内容与操作步骤

实验 18-1　对"PowerPoint 幻灯片的制作.pptx"演示文稿中的第二张幻灯片中的标题和文本进行格式化，具体要求如下：

- 标题文本：字体为华文新魏；大小为 48；字形为阴影；颜色为红色；段落为左对齐。
- 项目列表：字体为华文细黑；大小为 24；首行缩进 1.44 厘米；项目符号为一图片。
- 项目所在段落行距设置：段前与段后均为 12 磅。

操作方法与步骤如下：

（1）启动 PowerPoint 并打开演示文稿：PowerPoint 幻灯片的制作.pptx。

（2）在"幻灯片/大纲"窗格中，单击第二张幻灯片，幻灯片编辑窗格出现第二张幻灯片。

（3）选定标题占位符，按要求设置标题文本的格式。

（4）单击文本占位符，按要求设置字体、大小和段落格式。

（5）单击第二段，打开"开始"选项卡，再单击"段落"组右下角的"对话框启动器"按钮，打开"段落"对话框，如图 18-1 所示，按要求设置第二段的段落格式。

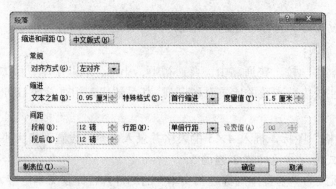

图 18-1　"段落"对话框

（6）选定文本占位符，单击"段落"组中的"项目符号"按钮 ⊞▾，设置项目符号为图片。

（7）格式化后的幻灯片如图 18-2 所示。最后，按下组合键 Ctrl+S 对演示文稿进行保存。

实验 18-2　在"PowerPoint 幻灯片的制作.pptx"演示文稿的第一张幻灯片中插入一幅图片（"读书的男孩"）和一个线条，并对该图片和线条进行修饰。

操作方法与步骤如下：

（1）启动 PowerPoint 并打开"PowerPoint 幻灯片的制作.pptx"演示文稿。选择该文稿中的第一张幻灯片为当前幻灯片。

（2）打开"插入"选项卡，单击"图像"组中的"剪贴画"按钮 ▥，弹出"剪贴画"任务窗格。搜索"读书的男孩"，选择一张并插入到幻灯片中。

（3）根据幻灯片的布局，利用图片工具"格式"选项卡中的有关命令，设置该图片的大小为原图片大小的 150%，距离左上角水平位置 2 厘米，垂直位置 8 厘米。

（4）插入一个高为 0.8 厘米、宽为 12 厘米、填充颜色为预设的"茵茵绿原"渐变色的矩形。适当调整副标题的矩形的位置，修改后的幻灯片如图 18-3 所示。

图 18-2　文本与段落的格式化

图 18-3　插入并调整图片的大小与位置

（5）按下组合键 Ctrl+S 对演示文稿进行保存。

实验 18-3　修改演示文稿背景样式为"羊皮纸"，然后以主题"流畅"为修饰效果，同时设置背景样式为"样式 9"。

操作方法及步骤如下：

（1）启动 PowerPoint 并打开"PowerPoint 幻灯片的制作.pptx"演示文稿，选择该文稿中的任意一张幻灯片为当前幻灯片。

（2）打开"设计"选项卡，单击"背景"组中的"背景样式"按钮，弹出其命令列表，如图 18-4（a）所示。单击"设置背景格式"命令，打开"设置背景格式"对话框，如图 18-4（b）所示。

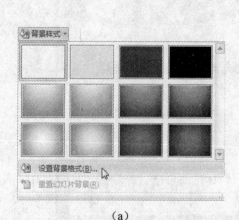

（a）　　　　　　　　　　　　　　　　（b）

图 18-4　"背景样式"列表和"设置背景格式"对话框

（3）单击"填充"→"图片或纹理填充"选项，并在"纹理"下拉列表框中选择一种纹理：羊皮纸。单击"关闭"按钮，此设置将应用于当前幻灯片。若单击"全部应用"按钮，此设置将应用于演示文稿中的全部幻灯片。

（4）打开"设计"选项卡，单击"主题"列表框按钮，在弹出的主题列表中选择一种主题，本例选择的主题是：流畅；单击"背景"组中的"背景样式"按钮，在弹出的命令列表中选择一种样式，本例选择：样式 9。

注：设置主题后，前面设置的背景样式将不起作用，除非重新改变背景的样式。此外，设置主题后，可能要影响幻灯片中各对象的显示效果，用户须调整。

实验 18-4　幻灯片母版可以控制幻灯片的格式，使用幻灯片母版修饰幻灯片。

使用母版修饰所有幻灯片的操作方法如下：

（1）启动 PowerPoint 并打开"PowerPoint 幻灯片的制作.pptx"演示文稿。选择该文稿中的第一张幻灯片为当前幻灯片。

（2）在幻灯片视图中按住 Shift 键不放，单击"普通视图"按钮，或打开"视图"选项卡，单击"母版视图"组中的"幻灯片母版"按钮，进入"幻灯片母版"视图，如图 18-5所示。

（3）在"幻灯片母版"视图左侧窗格中将鼠标移至某个母版时，PowerPoint 系统会提示此母版是否能够使用。单击选择一种当前演示文稿使用的母版，如"标题幻灯片"的母版，即"标题幻灯片版式：由幻灯片 1 使用"，此时"幻灯片母版"视图右侧窗格中将显示出该母版的编辑窗格。

在"标题幻灯片"母版的编辑窗格中有 5 个占位符，用来确定幻灯片母版的版式。

（4）更改文本格式：选择幻灯片母版中对应的占位符，例如，标题样式或文本样式等，可以设置字符格式、段落格式等。一旦母版中某一对象格式发生变化，那么它将影响应用标题幻灯片版式的所有幻灯片对象的格式，但其他幻灯片的版式将不受影响。

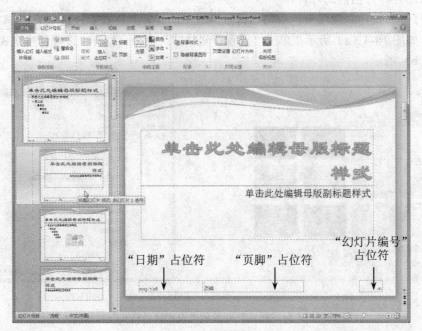

图 18-5　幻灯片母版设置

（5）设置页眉、页脚和幻灯片编号。打开绘图工具"格式"选项卡，用户可使用"文本"组中的"日期和时间"和"幻灯片编号"命令，在"日期"和"幻灯片编号"占位符中插入日期和幻灯片编号。

单击"文本"组中的"页眉和页脚"按钮 ，弹出"页眉和页脚"对话框，如图 18-6 所示。

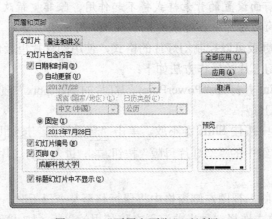

图 18-6　"页眉和页脚"对话框

根据需要设置好各参数，单击"全部应用"按钮，页眉和页脚区设置完毕（直接单击"页脚"占位符，可编辑页脚信息）。

（6）在幻灯片母版中插入对象，可使同样版式的每一张幻灯片自动拥有该对象。同样地，修改其他版式的幻灯片母版。

（7）单击"幻灯片"选项卡中的"关闭母版视图"按钮，关闭幻灯母版编辑视图。利用幻灯片母版修饰幻灯片的效果如图 18-7 所示。

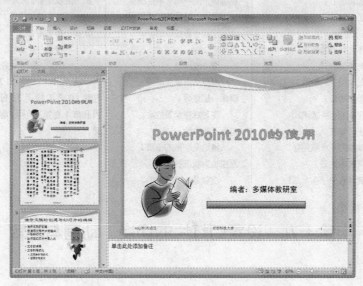

图 18-7　使用母版对幻灯片进行修饰效果图

思考与综合练习

（1）如何使用母版、背景样式和主题修饰所有幻灯片？

（2）如何在"幻灯片浏览"视图中，进行插入幻灯片、复制幻灯片、删除幻灯片和重新排列幻灯片次序的操作？

（3）按如图 18-8 所示的 3 张幻灯片的内容，创建一演示文稿，主题为"暗香扑面"。

图 18-8　第（3）题中的 3 张幻灯片

第 2 张幻灯片中的文本内容如下：

作者简介

徐志摩，现代诗人。1921 年开始写诗，受 19 世纪英国浪漫主义诗人拜伦、雪莱等影响较深。诗人崇尚自然，他的人生理想即是对爱、自由、美的追求，凝结成一个理想的人生形式，便是与一个心灵，体态俱美的女子的自由结合。

他是中国"新月诗派"的代表。主要作品有：《志摩的诗》、《翡冷翠的一夜》、《猛虎集》、《云游》。

1931 年 11 月 9 日，诗人由南京乘飞机去北平途中机坠人亡。

第 3 张幻灯片的文本内容如下：

轻轻的我走了，	那榆荫下的一潭，不是清泉，	悄悄的我走了，
正如我轻轻的来；	是天上虹揉碎在浮藻间，	正如我悄悄的来；
我轻轻的招手，	沉淀着彩虹似的梦。	我挥一挥衣袖，
作别西天的云彩。	寻梦？	不带走一片云彩。
那河畔的金柳，	撑一支长篙，	十一月六日
是夕阳中的新娘；	向青草更青处漫溯，	注：写于 1928 年 11 月 6 日，
波光里的艳影，	满载一船星辉，	初载 1928 年 12 月 10 日《新月》
在我的心头荡漾。	在星辉斑斓里放歌。	月刊第 1 卷第 10 号，署名徐志
软泥上的青荇，	但我不能放歌，	摩。
油油的在水底招摇；	悄悄是别离的笙箫；	
在康河的柔波里，	夏虫也为我沉默，	
我甘心做一条水草！	沉默是今晚的康桥。	

实验十九　设置幻灯片的切换、动画与跳转

实验目的

（1）掌握对幻灯片切换的设置与使用。

（2）了解并掌握幻灯片中动画设置技巧，学会对文字和图片元素进行动画设置。

（3）了解 PowerPoint 文档中各幻灯片间超链接与跳转的操作。

（4）掌握建立一个较完整的 PowerPoint 文档所需要的步骤与技术。

实验内容与操作步骤

实验 19-1　设置幻灯片放映时的切换效果。

操作方法和步骤如下：

（1）启动 PowerPoint 后，打开"PowerPoint 幻灯片的制作.ppxt"演示文稿，并选择第一张幻灯片。

（2）打开"切换"选项卡，如图 19-1 所示。单击"切换到此幻灯片"组的下拉列表按钮，在弹出的切换效果列表中选择一种合适的效果，如"涡流"。

图 19-1　"切换"选项卡

（3）在单击选定某一效果的同时，用户可观察到效果的动画画面，如果再次预览效果，可单击"切换"选项卡中的"预览"按钮。

（4）当用户满意此切换效果后，再使用"切换"选项卡中的命令，对切换效果做进一步的修改，本例设置"效果选项"为：自右侧；"声音"为：风声。

（5）单击"全部应用"按钮，可将此切换效果应用于全部幻灯片。

实验 19-2　在幻灯片中设置动画效果。

操作方法和步骤如下：

（1）启动 PowerPoint 后，打开"PowerPoint 幻灯片的制作.ppxt"演示文稿，并选择第一张幻灯片。

（2）单击或选定"标题"占位符，打开"动画"选项卡，单击"高级动画"组中的"动画窗格"按钮 ，打开"动画窗格"任务窗格，如图 19-2 所示。

图 19-2　"自定义动画"任务窗格

（3）单击"高级动画"组中的"添加动画"按钮 ，弹出"添加动画"列表，单击"更多进入效果"菜单，打开如图 19-3 所示的"添加进入效果"对话框。在"基本型"列表框中选择效果"菱形"。

（4）在"效果选项"列表框中，单击"形状"栏处的"菱形"；在"方向"栏处选择"缩小"。

（5）单击"计时"组中的"开始" 按钮，在其弹出的列表框中选择"上一动画之后"；在"持续时间"框中输入一个时间，如 2.00（秒），表示快慢。

依次对图片、副标题和矩形条对象设置动画效果如下：

- 图片：飞入、从右上部、上一动画之后，持续时间：2.25。
- 副标题：弹跳、上一动画之后，持续时间：2.25。
- 矩形条：擦除、自右侧、上一动画之后，持续时间：1.25。

（6）向幻灯片添加完动画后，在"动画窗格"任务窗格中单击重新排序按钮 或 可调整动画顺序，单击"播放"按钮 可观察动画效果。

图 19-3　"添加进入效果"对话框

（7）所有对象的动画效果设置完毕后，单击 PowerPoint 窗口右下角的"播放"按钮 ，可观察设置好的动画效果。

注：除设置动画的进入效果外，用户还可设置强调、退出、其他路径以及 OLE 操作动作等效果。

实验 19-3 在幻灯片间建立超链接与跳转。

操作方法和步骤如下：

1. 超链接的设置

（1）启动 PowerPoint 后，打开"PowerPoint 幻灯片的制作.ppxt"演示文稿，并选择第 3 张幻灯片，如图 19-4 所示。

图 19-4　演示文稿中的第 3 张幻灯片

（2）选中幻灯片文本中的"演示文稿的创建"。

（3）打开"插入"选项卡，单击"链接"组中的"超链接"按钮 ，或右击，在弹出的快捷菜单中选择"超链接"命令，此时弹出"插入超链接"对话框，如图 19-5 所示。

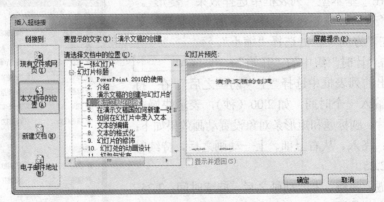

图 19-5　"插入超链接"对话框

（4）在"链接到"栏处，单击"本文档中的位置"，然后在"请选择文档中的位置"列表框中，选择"4.演示文稿的创建"。

（5）单击"确定"按钮，超链接设置完毕。幻灯片在放映时，可单击超链接处，实现幻灯片的快速跳转切换。

2．动作的设置

上面的设置是实现快速从第 3 张幻灯片跳转到第 4 张幻灯片，反过来我们在下面的设置中以动作的方式实现从第 4 张幻灯片跳转到第 3 张幻灯片。

（1）在"幻灯处/大纲"窗格中单击选择第 4 张幻灯片。

（2）打开"插入"选项卡，单击"插图"组中的"形状"按钮，在弹出的列表中选择"动作按钮"栏中的"后退或前一项"按钮◁，在当前幻灯片中适当位置画出动作按钮。动作按钮画好后，系统弹出"动作设置"对话框，如图 19-6 所示。

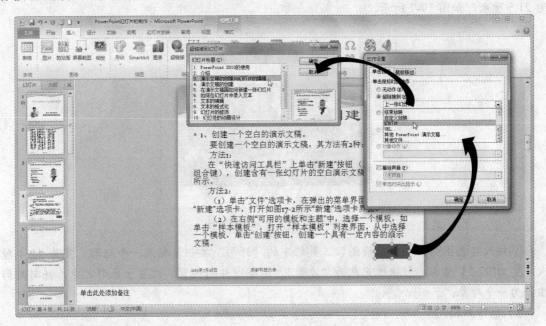

图 19-6　"动作设置"的步骤

注：如果不小心关闭了"动作设置"对话框，用户可在"插入"选项卡中单击"链接"组中的"动作"按钮。

（3）在"动作设置"对话框中有两种鼠标移动方式：单击鼠标和鼠标移过。鼠标移动方式是指以不同方法使用鼠标时，动作的响应方式。

（4）在"动作设置"对话框中选择"超链接到"单选按钮，之后在其下拉列表框中选择"幻灯片"，打开"超链接到幻灯片"对话框，选择一张要链接的幻灯片。

（5）两次单击"确定"按钮后，动作设置完成。按 Shift+F5 组合键放映幻灯片，当鼠标移动到项目标题处时，光标变成手形图标，单击此动作按钮，即可转至指定的幻灯片。

思考与综合练习

（1）当某一章节的内容演示完毕后，通常希望能快速返回到起始幻灯片中，请在"PowerPoint 幻灯片的制作.ppxt"演示文稿的结束幻灯片中设置一个自定义返回按钮，使得在幻灯片放映时，单击该按钮，可以返回到演示文稿的第 1 张幻灯片。

（2）在"PowerPoint 幻灯片的制作.ppxt"演示文稿中挑出第 1、3、5、7 张幻灯片，设计成"溶解"换片，每张幻灯片放映时间为 2s，并且设计成循环放映方式。

（3）还记得 2008 年奥运会开幕式的卷轴画卷吧：晶莹剔透的画轴，给人梦幻般的感觉。它是高科技的成果，但也可以在 PowerPoint 中制作画轴打开效果。

提示：

1）新建一个演示文稿，幻灯片版式选择为"空白幻灯片"。

2）编辑幻灯片中的内容。

①插入艺术字和图片。插入一个艺术字"春暖花开"，艺术字样式为"填充－红色，强调文字颜色 2，粗糙棱台"，文本形状效果为"双波形 2"；插入一幅图片，高为 11.26 厘米，宽为 21.5 厘米，如图 19-7 所示。

图 19-7　插入艺术字和图片

②插入自选图形。利用"绘图"工具栏中的"矩形"按钮，插入一个矩形，高为 12.4 厘米，宽为 22.75 厘米，形状填充色为"淡紫"。调整图片的位置，放置于矩形之中，并与矩形组合为一个对象。

3）制作画轴。

①绘制一个高 13 厘米、宽 1 厘米的矩形和一个高 1 厘米、宽 1 厘米的圆形。

②复制圆形，分别作为矩形的上下端，并与矩形组合为一个对象。

③设置"形状填充"，如图 19-8 所示。采用颜色为"红色，强调文字颜色 2"、"线性向右"渐变填充。

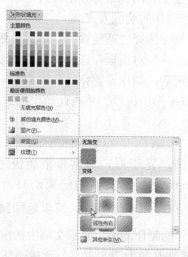

图 19-8　设置画轴填充效果

④复制，产生第 2 根画轴，如图 19-9 所示。

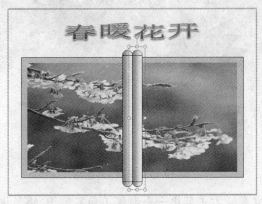

图 19-9　做好的画轴

4）设置动画效果。

①选中图片组合对象，设置图片组合对象的进入动画效果为"劈裂"，效果选项为"中央向左右展开"，开始方式为"上一动画之后"，持续时间为"3.00"。

②分别设置两根画轴的进入动画效果为"出现"，开始方式为"与上一动画同时"，持续时间为"自动"。

③如图 19-10 所示，分别设置两根画轴的动作路径，动画为"直线"，方向分别为"靠左"、"靠右"。开始方式为"与上一动画同时"，持续时间为"3.00"。

图 19-10　画轴的动作路径

（4）制作如图 19-11 所示的幻灯片，实现的效果是：当单击按钮 B、C、D 时，会弹出一个动画效果的说明，并发出一声爆炸声，再次单击该按钮时，说明隐藏。当单击按钮 A 时，则弹出"答对了，中国……"的文本标注，同时发出鼓掌声，且标注信息不隐藏。

提示：

1）运行 PowerPoint，新建一个空白文档，幻灯片版式为"只有标题"。

2）插入 4 个"自定义"按钮，添加适当的文字，调整它们的大小和位置；形状填充：线性向右渐变，橙色；将 4 个动作按钮分别链接到当前幻灯片。

3）添加 4 个"爆炸形 2"的"星和旗帜"形状，添加适当的文字，调整它们的大小和位置。

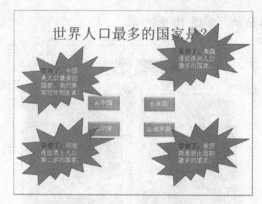

图 19-11 第（4）题图

4）设置形状的动画效果。右击其中一个形状（如答案 B 的形状），单击"动画"选项卡中的"添加动画"按钮。弹出动画列表，选择"进入"栏中的"出现"动画。

5）单击"动画窗格"按钮，幻灯片编辑窗口的右侧出现"动画窗格"任务窗格。

6）在幻灯片编辑窗口中，单击选择一个形状，如第 2 个，即"答错了，美国……"形状。此时，动画窗格中被选中的形状动画出现黑色边框。右击该形状，在弹出的快捷菜单中执行"效果选项"命令，如图 19-12 所示。

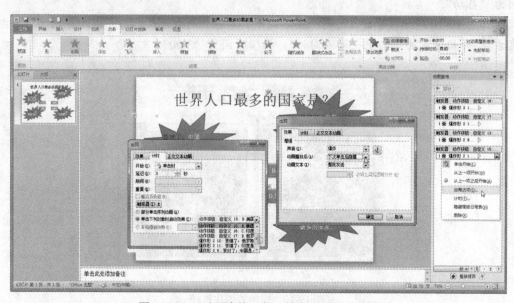

图 19-12 "动画窗格"与"效果选项"对话框

7）紧接着会弹出"出现"对话框，在"效果"选项卡下，为它设置一种爆炸声音，并设为"下次单击后隐藏"，声音设置为"爆炸"。

8）设置触发器，触发器的作用是在单击按钮 B 时启动标注动画。在上面的对话框中单击"计时"选项卡，单击"触发器"按钮进行设置，本题将触发器连接到第 2 个动作按钮，即"B.美国"。

9）其他几个形状的设置类似，只是在设置答案 A 的标注时，将声音设为"鼓掌"，"播放动画后"设为"不变暗"。

（5）利用 PowerPoint 制作课件，要求如下：

1）包含有两张幻灯片。在第 1 张幻灯片中插入一张剪贴画，将剪贴画移到页面的左上角；在第 2 张幻灯片中插入一张来自于文件的图片，将图片移到页面的右侧。

2）在第 1 张幻灯片中输入一段横排文字。文字格式：楷体、三号、加粗、红色。

3）在第 2 张幻灯片中输入一列竖排文字，然后将文字进行个性化的修饰。

4）将第 1 张幻灯片的切换效果设置为"垂直-百叶窗"；将第 2 张幻灯片的切换效果设置为"切出-缩放"。

5）将第 1 张幻灯片的图片动画设置成"向内溶解"，持续时间：2.00，开始方式：上一动画之后；将文字动画设置成"空翻"，持续时间：2.75，开始方式：上一动画之后。

6）将第 2 张幻灯片的图片动画设置成持续时间为 1.00 秒的自左侧"飞入"；将第 2 张幻灯片的文字动画设置成持续时间为 1.50 秒的自顶部"擦除"。

7）将两张幻灯片中图片和文字的出场顺序调整为：第 1 张幻灯片先图片，后文字；第 2 张幻灯片先文字，后图片。

8）在第 1 张幻灯片中插入一个背景音乐，要求幻灯片放映时自动播放，并一直持续到幻灯片播放结束；播放时隐藏音频图标。

9）以 exer1.pptx 为文件名保存，并打包演示文稿。

10）使用幻灯片播放器 PPTVIEW.exe 播放 exer1.pptx（如果没有幻灯片播放器 PPTVIEW.exe，请到微软下载中心 http://www.microsoft.com/zh-cn/download/details.aspx?id =13 下载）。

第6章 多媒体技术

实验二十 几个多媒体文件处理软件的使用

实验目的

（1）学会使用"格式工厂"软件实现 MP3/AVI 与 MMA/MP4 音（视）频格式的转换。

（2）掌握抓图软件 HyperSnap-DX 的使用。

（3）初步掌握 Photoshop 图像处理和 Flash 动画设计的使用。

实验内容与操作步骤

实验 20-1 利用"格式工厂"软件将 MP3 音频格式转换成 WAV 音频格式，或将 AVI 视频格式转换成 MP4 视频格式。

"格式工厂"（英文名为 Format Factory）是一款万能的多媒体格式转换软件，它支持几乎所有多媒体格式到常用格式的转换。可以设置文件输出配置，也可以实现转换 DVD 到视频文件，转换 CD 到音频文件等。并支持转换文件的缩放、旋转等。具有 DVD 抓取功能，轻松备份 DVD 到本地硬盘。还可以方便地截取音乐片断或视频片断。

"格式工厂"的最新版是 V3.1.1，下载地址：http://www.pcfreetime.com/CN/download.html。

（1）"格式工厂"主界面

安装并启动该软件后，将弹出格式工厂主界面窗口，该窗口包含菜单栏、工具栏、折叠面板和转换列表等，如图 20-1 所示。

图 20-1 "格式工厂"主界面

在使用"格式工厂"软件之前，用户需要对程序做一些设置，如设置文件类型转换后的输出位置等。例如，在 D 盘上新建一个名为"格式工厂转换专用"的文件夹，然后在"选项"对话框中，可以通过"改变"按钮设定输出文件的存放文件夹。

通过"选项"对话框设置有关参数的操作方法如下：

1）单击"任务"菜单，执行"选项"命令，打开如图 20-2 所示"选项"对话框。

图 20-2 "选项"对话框

2）单击左侧的"任务面板"中的"选项"按钮 ，出现该选项的选项卡界面。

3）在"输出文件夹"文本框中的右侧，单击"改变"按钮 改变 ，打开"浏览文件夹"对话框，从中选择一个存放转换后文件的文件夹，如："D:\格式工厂转换专用"。

如果勾选"输出至源文件目录，则转换后的文件与源文件存于同一文件夹。

4）单击"确定"按钮，设置完毕，其余项目多采取默认值。

（2）将一个 MP3 格式的音频文件转成 WMA 格式

操作方法及步骤如下：

1）单击图 20-1 左侧的"折叠面板"中的"音频"按钮，展开该功能的所有任务命令。单击"所有转到 WMA"按钮 。系统打开"所有转到 WMA"对话框，如图 20-3 所示。

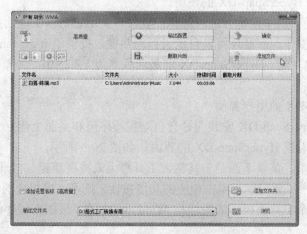

图 20-3 "所有转到 WMA"对话框

2）单击"添加文件"按钮，在随后打开的"打开"对话框中选择要转换的 MP4 文件，如：白狐-陈瑞.mp3。单击"确定"按钮，返回到"格式工厂"主界面，如图 20-4 所示。

图 20-4　确定了要转换功能的"格式工厂"主界面

在"所有转到 WMA"对话框中，用户也可截取音乐文件的片断进行转换，只需单击"截取片断"按钮，在弹出的对话框中设置要截取的开始与结尾时间。

3）单击图 20-4"转换列表"上方的"点击开始"按钮 （或单击工具栏中的"开始"按钮 ），格式转换开始，直到完成。

4）要将一个 AVI 格式的文件转换为 MP4/WMA/MPG/3GP 等格式的视频文件，其操作方法和音频格式转换的方法基本相同，这里不再举例说明。

此外，"格式工厂"还具有旋转视频、提取 CD 音乐、提取 DVD 视频文件、将 DVD 或 CD 制作成 ISO 文件、音（视）频合并等功能。

实验 20-2　抓图 HyperSnap-DX 的使用。

HyperSnap-DX 是一款非常优秀的屏幕抓图软件，使用它可以快速地从当前桌面、窗口或指定区域内进行抓图操作，而且还可以自定义抓图热键，提供了 jpg、bmp、gif、tif、wmf 等多达 22 种的图片存储功能。HyperSnap-DX 的最新版本为 V7.25.01。为操作简单方便起见，本例使用 V6.70.01 版。

（1）HyperSnap-DX 的用户界面

安装完毕后，HyperSnap-DX 安装向导会自动在程序组和桌面上建立一个快捷方式，运行这个快捷方式就可以看到 HyperSnap-DX 的界面，如图 20-5 所示。

界面的上部是菜单，菜单下面是工具栏，工具栏上安排有新建、打开、捕捉设置等 18 个常用的功能按钮，用户只要用鼠标单击相应的功能按钮，就可完成相应的操作。界面左边有一个图形工具面板，这个工具面板中的图标与 Windows 中的"画图"程序中的工具图标类似，其功能也基本相同。

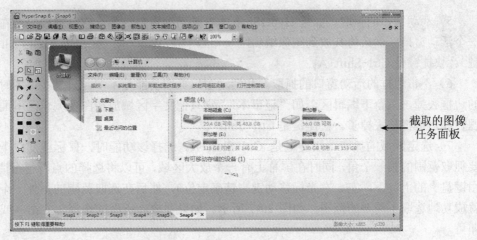

截取的图像
任务面板

图 20-5 HyperSnap-DX 的工作主窗口

（2）HyperSnap-DX 的图像截取功能

HyperSnap-DX 有多种图像截取方法，主要通过"捕捉"菜单下的各个捕捉命令来完成，如图 20-6 所示。

图 20-6 "捕捉"菜单与捕捉命令

1）全屏幕的抓取。快捷键是 Ctrl+Shift+F（相当于在 Windows 系统中，按下 PrintScreen 键），当用户按下快捷键时，HyperSnap-DX 自动隐藏自身窗口，然后整个屏幕一闪，HyperSnap-DX 马上又复原了，这时可以在图像编辑区域中看到已经把整个屏幕（如桌面）都放进来了，但是在抓取的图像里面看不到 HyperSnap-DX 本身。

2）虚拟桌面的抓取。和全屏差不多，快捷键是 Ctrl+Shift+V。

3）窗口或控件的抓取。快捷键是 Ctrl+Shift+W。移动鼠标，会自动根据鼠标的位置来选择窗口，它会把同性质的部分当作一个窗口，选择好后，单击或按下 Enter 键可将选择的图像截取；右击则取消抓取图像。

4）命令按钮图标的抓取。可以抓取应用程序工具栏上的命令按钮图标，方法是将鼠标指针移动到要抓取的图标上，如 Word 中的"保存"按钮，按下 Ctrl+Shift+B 组合键，即可在 HyperSnap-DX 编辑区出现该按钮图像。

说明：单个命令按钮图标的抓取在 Windows 7 环境下，不能很好地进行。

5）活动窗口的抓取。如果 HyperSnap 本身是活动窗口，那么它会抓取隐藏在自己后面的一个活动窗口，然后将其放到图像编辑区（相当于在 Windows 系统中，按下 Alt+PrintScreen 键）。快捷键是 Ctrl+Shift+A。

6）不带边框的活动窗口的抓取。和活动窗口抓取功能差不多，只是在抓图时，会把窗口的边框去掉，只留下编辑区，如"记事本"，它只把文字区域放在图像编辑区里面而菜单、标题栏和边框都被去掉了。快捷键是 Ctrl+Shift+C。

7）选定区域的抓取。快捷键是 Ctrl+Shift+R。选择该功能时，鼠标就变成十字形，单击要抓取范围的第一个角，同时在屏幕上有一个放大区域，可以将选择的点看得很清楚（用户可用键盘上的上、下、左、右光标移动键来精确定位），然后在选取范围的另外一个角上单击，就成功地选取了需要的范围，如图 20-7 所示。如果要放弃所做的选择，右击（或按 Esc 键）即可。

8）自由捕捉。快捷键是 Ctrl+Shift+H。使用该命令，可以抓取一个不规则的区域。抓图时，用户可以使用鼠标任意绘制一个封闭区域，再按 Enter 键即可。

9）移动上次区域进行捕捉。使用该功能，桌面上会有一个同上一次抓取图像时大小相同的区域框，移动鼠标，它会跟着鼠标移动，选择区域后，单击可抓取其他区域的图像。快捷键是 Ctrl+Shift+P。

10）多区域捕捉。快捷键是 Ctrl+Shift+M。使用该命令可以抓取屏幕上多个范围的图像。

11）仅捕捉鼠标指针功能。使用"仅捕捉鼠标指针"命令，可以捕捉鼠标的指针箭头。

（3）捕捉设置

一般情况下，在进行抓图之前，我们需要对 HyperSnap 作一些捕捉功能的设置。单击"捕捉"菜单中的"捕捉设置"命令，打开如图 20-8 所示的"捕捉设置"对话框。

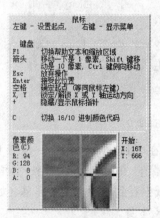

图 20-7　进行"选定区域"抓图时屏幕提示

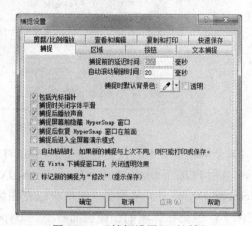

图 20-8　"捕捉设置"对话框

单击"复制和打印"选项卡，在该选项卡中勾选"复制后捕捉到剪贴板"，其他参数一般采用默认设置即可。

（4）配置热键

单击"捕捉"菜单中的"配置热键"命令，打开如图 20-9 所示的"屏幕捕捉热键"对话框。在对话框中显示了系统已配置好的各抓图功能快捷键，选中"启用热键"复选框，用户以后抓取可使用快捷键，如抓取一个活动窗口内容，直接按下 Ctrl+Shift+A 快捷键就可将当前窗口及其内容抓取。

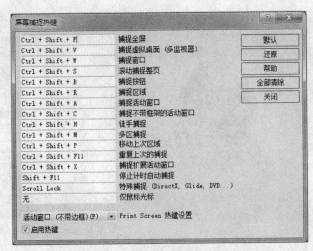

图 20-9　"屏幕捕捉热键"对话框

　　用户如果在抓取图像时，感到系统默认快捷键不方便，也可自行设置。设计快捷键的方法是：在要设置抓取图像功能的快捷键文本框中单击，如单击"捕捉窗口"快捷键（默认快捷键是 Ctrl+Shift+W）文本框，直接按下所需要的键，如同时按下 Shift 键和 W 键。此时，在热键文本框中为 Shift+W，单击"关闭"按钮，快捷键方式设置成功。

　　实验 20-3　使用 Photoshop CS4 中的工具箱中的选框工具选取图像，复制到新建文件中并保存到磁盘上。

　　操作方法及步骤如下：

　　（1）启动 Photoshop 后，单击"文件"菜单中的"打开"命令，弹出"打开"对话框。

　　（2）在"打开"对话框中，打开如图 20-10 所示的"小鸭"图片文件。

图 20-10　Photoshop CS4 图像编辑窗口

　　（3）单击工具箱中的"矩形选框工具"按钮 ▢，将鼠标移到图像窗口中，拖拽鼠标选中图像中的"小鸭"头部，如图 20-11 所示。

　　（4）单击"文件"菜单中的"新建"命令，弹出如图 20-12 所示的"新建"对话框。新建图像的参数设置完毕后，单击"确定"按钮，出现"选择"图像窗口。

图 20-11　使用矩形选框工具选择后的图像

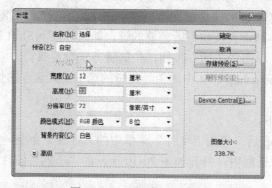

图 20-12　"新建"对话框

（5）单击"小鸭"图像窗口的标题栏，然后单击"编辑"菜单中的"复制"命令（或按下组合键 Ctrl+C）。再单击"选择"图像窗口标题栏，最后单击"编辑"菜单中的"粘贴"命令（或直接按下组合键 Ctrl+V），此时图像复制成功，如图 20-13 所示。

图 20-13　复制粘贴后的图像

（6）单击"文件"菜单中的"存储"命令，弹出"存储为"对话框，如图 20-14 所示。

在"文件名"文本框中输入保存图片的名称，在"格式"下拉列表框中选择图片文件格式（默认的图像文件格式为 PSD、PDD），选择好文件的保存位置，最后单击"保存"按钮即可。

注：如要选择其他选框工具，可单击工具箱中选框工具按钮并按住鼠标不放，会弹出一个子菜单，如图 20-15 所示，单击要选择的选框工具即可。

图 20-14　"存储为"对话框

图 20-15　选框工具的子菜单

实验 20-4　使用画笔工具。

操作方法及步骤如下：

（1）单击"文件"菜单中的"新建"命令，弹出"新建"对话框，新建图像的参数设置：名称：画笔；预设大小：自定；宽度 15 厘米；高度 15 厘米，其他参数采用默认值。设置完毕后，单击"确定"按钮，出现"画笔"图像窗口。

（2）单击工具箱中的"画笔工具(B)"按钮 ✐，再单击工具箱中拾色器的"设置前景色"按钮 ■，弹出"拾色器"对话框。

（3）在"拾色器"对话框中，选择一个合适的颜色，如湖蓝色（湖蓝色 CMYK 色值为 C：75；M：40；Y：0；K：0）。单击"确定"按钮，画笔的颜色选择完毕。

（4）单击"画笔"工具栏中画笔右边的"画笔切换面板"按钮 ▤，可选择笔刷样式（本题为：尖角 9 象素），如图 20-16 所示。

图 20-16　画笔笔刷的选择

（5）在"画笔"工具栏上设置好画笔的其他参数，如图 20-17 所示。

图 20-17　"画笔"工具栏的参数设置

（6）将鼠标放到新建的画笔窗口中，拖拽鼠标即可绘画。

（7）在画布上右击（或单击"画笔"工具栏中画笔右边的"画笔切换面板"按钮），可选择其他笔刷样式，如图 20-18 所示。

（8）将鼠标再放到新建的画笔窗口中，拖拽鼠标绘画，如图 20-19 所示。

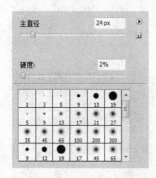

图 20-18　笔刷样式

图 20-19　用画笔绘制的图形

实验 20-5　绘制一个八卦太极图，如图 20-20 所示。

图 20-20　太极效果图

操作方法及步骤如下：

（1）新建一个图形文件，名称为"太极"，大小及有关颜色参数设置如下：宽度：800 像素；高度：600 像素；分辨率：72；其他：默认。

（2）设置一个前景色，然后单击"颜料桶工具"按钮，设置图层颜色 RGB 值为：85，129，211。

（3）执行"视图"菜单中的"新建参考线"命令，在垂直（10.58 厘米）和水平（7.935 厘米）处建立一个画图参考线。

（4）新建一个图层（图层 1），选择"椭圆选框工具"按钮，在画布中心处附近画一个固定大小的圆（300 像素×300 像素），如图 20-21 所示。

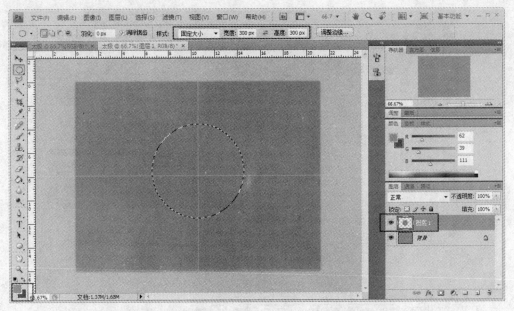

图 20-21　在新图层（图层 1）中选择一固定大小的区域

（5）将图层中的选区以黑色填充，按下组合键 Ctrl+D 取消选择。

（6）执行"图层"菜单中的"新建"命令，建立一个新图层（图层 2）。选择"矩形选框工具"按钮 ⬚，画一个固定大小的矩形（150 像素×300 像素），如图 20-22 所示。

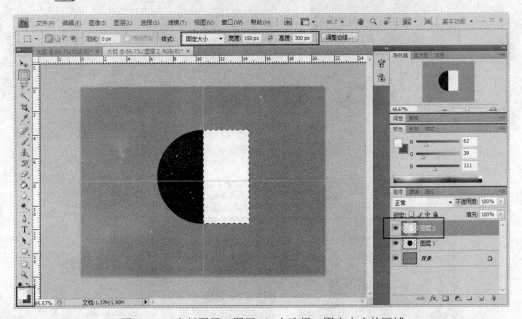

图 20-22　在新图层（图层 2）中选择一固定大小的区域

（7）使用"反向选择"命令，按下 Delete 键，将黑色选区外的白色选区删除，如图 20-23 所示。

（8）新建一个图层（图层 3），选择"椭圆选框工具"按钮 ◯，画一个固定大小的圆（150 像素×150 像素），如图 20-24 所示。

（9）将选区以白色填充，接着将选区移动到下面，并填充黑色，如图 20-25 所示。

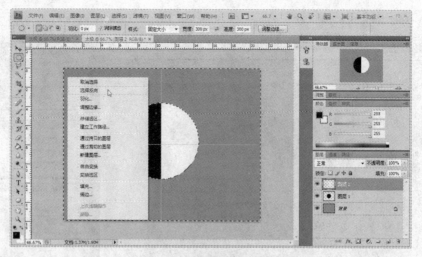

图 20-23　删除圆圈外的选区

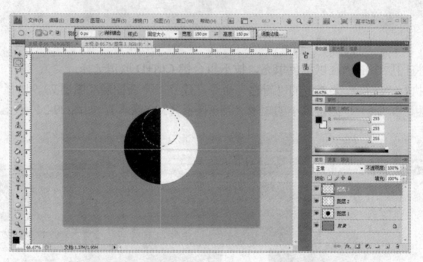

图 20-24　在新图层（图层 3）中选择一固定大小的区域

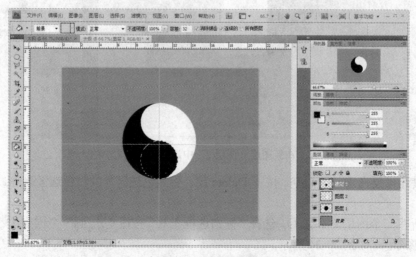

图 20-25　填充选区

（10）新建一个图层（图层 4），选择"椭圆选框工具"按钮 ，画一个固定大小的圆（60 像素×60 像素），以黑色填充，如图 20-26 所示。

图 20-26　画太极鱼眼

实验 20-6　使用多边形套索工具选择外形及其不规则的图像。

操作方法及步骤如下：

（1）启动 Photoshop 后，打开所需图片文件"套索.jpg"，如图 20-27 所示。

（2）在"导航器"面板中调整图像显示比例至 400%，如图 20-28 所示。此时可放大蝴蝶结图像以方便选择。

图 20-27　"套索"图片文件　　　　　　　　　　图 20-28　"导航器"面板

（3）单击工具箱上的"多边形套索工具"按钮 ，将鼠标移到图像窗口中，单击确定图像选择的起点，再移动鼠标指针至想改变选取范围方向的转折点处单击。当确定好全部的选取范围并返回到起点时（出现结束标志 ），单击即可完成选取操作，如图 20-29 所示。

实验 20-7　利用实验 20-6 中的"套索.jpg"图片，再使用魔棒工具选取橄榄图形。

操作步骤如下：

（1）单击工具箱上的"魔棒工具"按钮 ，弹出"魔棒"工具栏，如图 20-30 所示。

（2）将鼠标移到图像窗口中，单击橄榄图形中的某一点，选择后的图像如图 20-31 所示。

（3）分别将"魔棒"工具栏中的容差项改为 30、70 和 100，再单击橄榄图形中的某一点，查看选择后的图像有什么差别。

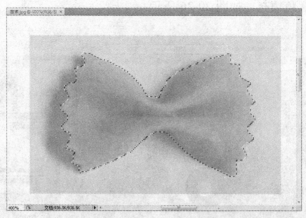

图 20-29　使用多边形套索工具选取后的图像

图 20-30　"魔棒"工具栏

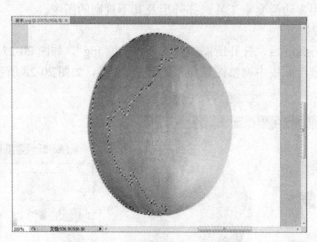

图 20-31　"容差"为 32 选取后的图像

实验 20-8　使用"变换"命令对实验 20-7 中已经选择的区域进行图像的变换操作。

操作方法及步骤如下：

（1）单击"编辑"→"变换"→"缩放"菜单命令，图像出现带控制点的矩形框，如图 20-32 所示。

（2）用鼠标拖拽矩形框四角的控制点的任一个，可对图像进行整体的放大或缩小，如用鼠标拖拽右下角的控制点。

技巧：拖拽图像时可同时按住 Shift 键让图像按原图像比例缩放。

（3）图像旋转操作。单击"编辑"菜单中的"变换"→"旋转"命令，将鼠标放到矩形框以外，拖拽鼠标绕中心旋转。

（4）图像斜切操作。单击"编辑"菜单中的"变换"→"斜切"命令，用鼠标拖拽矩形框四角的控制点，可将图像沿被拖动的控制点的边变形。

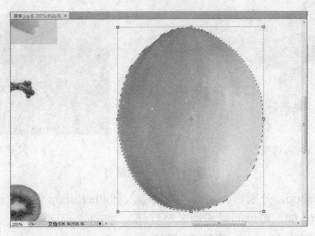

图 20-32　带控制点的魔棒选区

（5）图像扭曲操作。单击"编辑"菜单中的"变换"→"扭曲"命令，用鼠标拖拽矩形框的四角控制点或边，可将图像任意变形。

（6）单击"编辑"菜单中的"变换"→"透视"命令，用鼠标拖拽矩形框的四角控制点或边，可将图像外的矩形框变形成等腰梯形或平行四边形。

完成上述操作后，读者可观察图片变换效果。

最后，单击选框工具按钮，这时弹出如图 20-33 所示的 Photoshop 系统对话框，提示用户是否将图片的变换操作生效，单击"应用"按钮，可使图片变换生效。

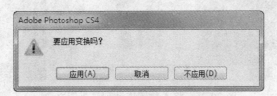

图 20-33　Adobe Photoshop 系统对话框

实验 20-9　用 Photoshop 将两张图片合成，如图 20-34 所示。

图 20-34　合成的图片

操作方法及步骤如下：

（1）准备人物、风景画各一张（自定义），如图 20-35 所示。

（a）人物图　　　　　　　　　　　　　　　　（b）风景图

图 20-35　准备的素材

（2）打开 Photoshop，分别将人物、风景画拖入到 Photoshop 内。然后，将人物画拖动到风景画之中（按住 Ctrl 键，可以同时拖动多个目标）。拖进之后两张图片是在两个界面的，接下来我们要把这两张图片合成，如图 20-36 所示。

图 20-36　将人物图拖动到风景图之中

按下 Ctrl+T 组合键调整图片或者裁剪，如果觉得人物和风景图片大小合适，则无需调整。

（3）接下来就是处理这副初始合成的图片，我们看到人物中的背景图很明显是多余的，这部分需要去掉，可以使用到套索工具，把人物外多余的部分圈定，如图 20-37 所示。

图 20-37　带控制点的魔棒选区

（4）这时可以不着急确定删除，先羽化一下，羽化值在左上角出现，使整个图像看起来更加融合。如果觉得都可以了，然后按快捷键 Delete 删除所选的多余部分。

（5）最后将全面的图片，以文件名"图片合成.jpg"进行保存。

实验 20-10 利用 Flash 为文字添加边框，如图 20-38 所示。

图 20-38 实心文字改变为虚线边框文字

操作方法及步骤如下：

（1）启动 Flash，然后新建文件。单击"修改"菜单下的"文档"命令，打开如图 20-39 所示的"文档属性"对话框。修改文档大小为 400×300 像素，背景为白色。

（2）在工具箱中单击"文本工具"按钮 T ，然后在工作区中输入文本"Welcome"。在"属性"面板中将字体设为 Arial Black，文本大小设为 72，颜色为红色，如图 20-40 所示。

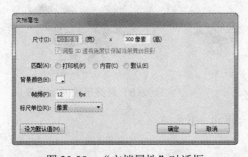

图 20-39 "文档属性"对话框　　　　　图 20-40 设定文本格式

（3）用快捷键 Ctrl+B（按下两次），将上面的文本分离至普通矢量图。

（4）单击工具箱中的"墨水瓶工具/颜料桶工具"按钮 ，在墨水瓶的"属性"面板中修改线条颜色为橙色，宽度为 3 个像素，修改边框样式为虚线，单击"编辑笔触样式"按钮 ，打开"笔触样式"对话框，在该对话框中设定点距为 1，如图 20-41 所示。

（5）依次给所有的文本加上橙色的虚线边框，如图 20-42 所示。

（6）单击工具箱上的"选择工具"按钮 ，按下 Shift 键，单击文本各部分的红色文本，再按下 Delete 键将其删除，这样就只剩下点线文本了，如图 20-43 所示。

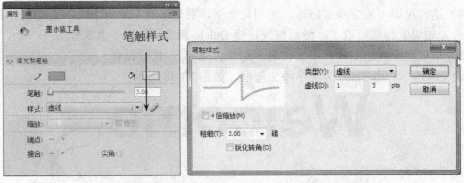

图 20-41 "墨水瓶"属性面板与"笔触样式"对话框

图 20-42 加上橙色边框的文本

图 20-43 最终的文本效果

实验 20-11 利用马奔跑时的 10 个状态，制作一匹奔腾的马，如图 20-44 所示。

（a）马奔腾时的 10 个状态　　　　　（b）最终形成的动画效果

图 20-44 马奔腾时的 10 个状态

操作方法及步骤如下：

（1）启动 Flash，然后新建一文件，修改文档大小为 400×300 像素，背景为白色，帧频为 12 帧/秒。

（2）执行"文件"→"导入"→"导入到舞台"命令，将图片文件名为 h1~h10 的 10 幅图片全部导入到 Flash 舞台中。全部图片导入到舞台后，时间轴上的第一幅图片出现了 1 个关键帧。

（3）单击舞台中的图片，这时可在"属性"面板中看到图片的大小为 152×93 像素。然后修改舞台的大小为 152×93 像素。

（4）执行"窗口"菜单中的"库"命令，打开"库"面板，这时我们可以看到导入的 10

幅图片都在"库"面板之中，如图 20-45 所示。

（5）在"库"面板中，选择一幅图片，在时间轴第 2 帧上，执行"插入"→"时间轴"→"关键帧"命令。依次将第 3～10 幅图片作为关键帧，如图 20-46 所示。

图 20-45　"库"中的 10 幅图片

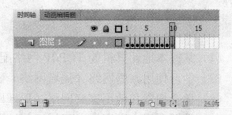

图 20-46　时间轴上出现 10 个关键帧

（6）按下 Ctrl+Enter 组合键可测试动画，如图 20-44（b）所示。

思考与综合练习

（1）用 Photoshop 制作出如图 20-47 所示的文字效果。

提示：用矩形选框工具选择文字的下半部分；并在上层选择透明锁定后，在矩形选区内填入白色（也可用减去一半文字选区的方法）。

（2）用 Photoshop 制作按钮，进行椭圆选区工具、渐变填充的练习，如图 20-48 所示。

图 20-47　第（1）题图　　　　　　　　　　图 20-48　第（2）题图

提示：用线性渐变填充工具，同时注意光线的方向。

（3）用 Photoshop 制作齿轮，进行复制选区、旋转的练习，如图 20-49 所示。

提示：用矩形选框工具做对称于圆心的矩形条并填充颜色；复制矩形条区域并做旋转；重复上述操作直到所有齿做完。

（4）用 Flash 制作飞翔的海鸥，如图 20-50 所示。

图 20-49　第（3）题图　　　　　　　　　　图 20-50　第（4）题图

第 7 章　网络与 Internet 应用

实验二十一　TCP/IP 网络配置和文件夹共享

实验目的

（1）掌握本地计算机的 TCP/IP 网络配置，建立和测试网络连接。

（2）学习使用家庭网络（局域网络）资源的方法。

（3）学会搜索和使用家庭网络（局域网络）资源的一般性方法。

（4）掌握利用家庭网络（局域网络）进行网络资源搜索，设置网络共享驱动器的方法。

（5）学会建立、使用和维护网络打印机的方法。

实验内容与操作步骤

实验 21-1　本地计算机的 TCP/IP 网络配置。

操作方法及步骤如下：

1. 更改计算机名

（1）在 Windows 桌面上，右击"计算机"图标，在展开的快捷菜单中选择"属性"命令，打开"系统"窗口，如图 21-1 所示。

图 21-1　"系统"窗口

（2）单击"更改设置"按钮，打开"系统属性"对话框，如图 21-2 所示。

（3）在"计算机描述"框处输入对计算机的描述文字，如：My first computer；单击"更改"按钮，出现"计算机名/域更改"对话框，用户可对计算机名进行更改。在"计算机名"文本框处输入计算机名称 cdzyydx，如图 21-3 所示。

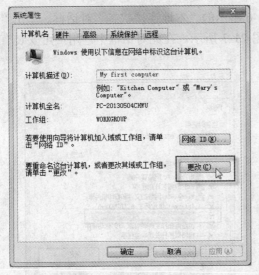

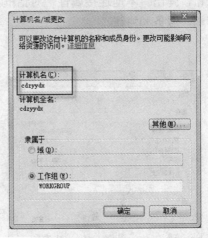

图 21-2 "系统属性"对话框   图 21-3 "计算机名/域更改"对话框

（4）单击"确定"按钮，Windows 系统出现"计算机名/域更改"对话框，如图 21-4 所示。在此对话框中，系统提示用户必须重新启动计算机后，上面的设置才能生效。

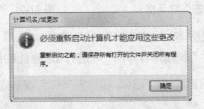

图 21-4 "计算机名/域更改"对话框

（5）单击"确定"按钮，系统回到图 21-2 所示的对话框，单击"应用"或"关闭（即确定）"按钮，重新启动计算机。

2．配置本地计算机的 IP 地址

（1）在"控制面板"窗口中，单击"网络和共享中心"命令，打开如图 21-5 所示的"网络和共享中心"界面。

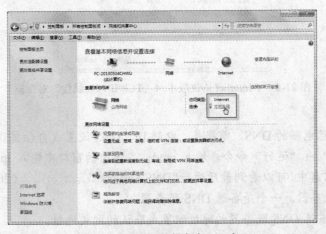

图 21-5 "网络和共享中心"窗口

（2）单击"本地连接"命令，进入如图 21-6 所示的"本地连接状态"对话框。单击"属性"按钮，弹出"本地连接属性"对话框，如图 21-7 所示。在此对话框中，用户可安装有关的客户端、服务和协议。

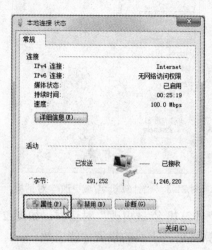

图 21-6　"本地连接状态"对话框

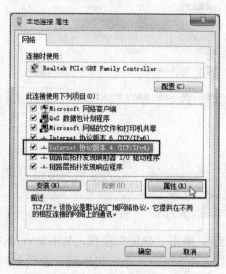

图 21-7　"本地连接属性"对话框

（3）选中"Internet 协议版本 4（TCP/IPv4）"选项，单击"属性"按钮，打开"Internet 协议版本 4（TCP/IPv4）属性"对话框，用户可进行 IP 地址的配置，如图 21-8 所示。

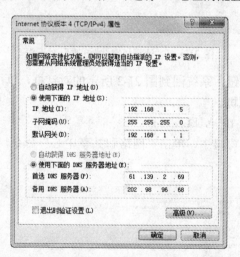

图 21-8　"Internet 协议版本 4（TCP/IPv4）属性"对话框

注：

①要想知道自己电脑的 DNS，前提是：电脑 IP、DNS 设置成自动捕获上网！自动捕获上网后，单击"开始"→"运行"命令，输入 cmd，在弹出的窗口中输入 ipconfig /all，并按下回车键。在出现的信息中，可以看到最后两行"DNS Servers…………………: 202.106.XXX.XXX"。一个是首选 DNS 服务器，一个是备选 DNS 服务器。

②或者直接将首选 DNS 服务器的地址配置成默认的网关地址。

（4）单击"确定"按钮，并分别再次单击图 21-7 和图 21-6 中的"确定"和"关闭"按钮，完成 Windows 7 的网络配置。

　　实验 21-2　使用 Ping 命令测试本地计算机的 TCP/IP 协议。

　　操作方法及步骤如下：

　　（1）在桌面上，单击"开始"→"所有程序"→"附件"→"命令提示符"命令，出现"管理员：命令提示符"窗口，如图 21-9 所示。

图 21-9　使用"命令提示符"窗口

　　（2）输入 ping 192.168.1.5，按下 Enter 键后，可以查看 TCP/IP 的连接测试结果。TCP/IP 已经连通的测试结果如图 21-10 所示。

```
管理员: 命令提示符

Microsoft Windows [版本 6.1.7601]
版权所有 (c) 2009 Microsoft Corporation。保留所有权利。

C:\Users\Administrator>cd\

C:\>ping 192.168.1.5

正在 Ping 192.168.1.5 具有 32 字节的数据:
来自 192.168.1.5 的回复: 字节=32 时间<1ms TTL=64
来自 192.168.1.5 的回复: 字节=32 时间<1ms TTL=64
来自 192.168.1.5 的回复: 字节=32 时间<1ms TTL=64
来自 192.168.1.5 的回复: 字节=32 时间<1ms TTL=64

192.168.1.5 的 Ping 统计信息:
    数据包: 已发送 = 4, 已接收 = 4, 丢失 = 0 (0% 丢失),
往返行程的估计时间(以毫秒为单位):
    最短 = 0ms, 最长 = 0ms, 平均 = 0ms

C:\>
```

图 21-10　TCP/IP 连通时的 ping 结果

　　（3）不连通的情况如图 21-11 所示。

```
管理员: 命令提示符

Microsoft Windows [版本 6.1.7601]
版权所有 (c) 2009 Microsoft Corporation。保留所有权利。

C:\Users\Administrator>cd\

C:\>ping 210.41.220.131

正在 Ping 210.41.220.131 具有 32 字节的数据:
请求超时。
请求超时。
请求超时。
请求超时。

210.41.220.131 的 Ping 统计信息:
    数据包: 已发送 = 4, 已接收 = 0, 丢失 = 4 (100% 丢失),

C:\>
```

图 21-11　当 TCP/IP 断开连接时的 ping 结果

实验 21-3 将用户"Administrator"中的"我的文档"，即"C:\Users\Administrator\Documents"共享到局域网络上，共享名称为：GX1。

操作方法及步骤如下：

（1）打开"Administrator"文件夹，右击"我的文档"，在弹出的快捷菜单中执行"属性"命令，弹出如图 21-12 所示的"我的文档属性"对话框。

（2）单击"共享"选项卡，单击"高级共享"按钮，弹出"高级共享"对话框，如图 21-13 所示。在此对话框中，将共享的文件夹名设置为"GX1"。

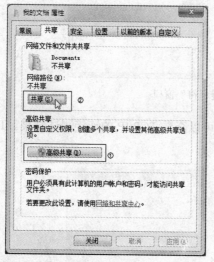

图 21-12　"我的文档属性"对话框

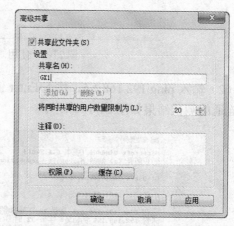

图 21-13　"高级共享"对话框

如果单击"权限"按钮，弹出如图 21-14 所示"GX1 的权限"对话框。在该对话框中，可以设置用户查看共享文件夹的权限，如：完全控制、更改和读取，两次单击"确定"按钮，返回到图 21-12 所示对话框中。

（3）在图 21-12 中，单击"共享"按钮，系统弹出"文件共享"对话框，如图 21-15 所示。在"选择要与其共享的用户"栏中选择要添加的用户，本例是"Everyone"。

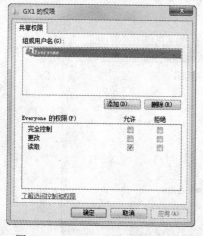

图 21-14　"GX1 的权限"对话框

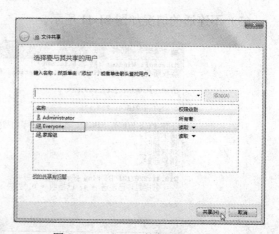

图 21-15　"GX1 的权限"对话框

（4）单击"共享"按钮，弹出"网络发现和文件共享"对话框，根据情况选择相符合的网络环境，本题使用"否，使已连接到的网络成为专用网络"选项，如图 21-16 所示。

图 21-16　"网络发现和文件共享"对话框

（5）共享完成后将弹出"文件共享"对话框，单击"完成"按钮，如图 21-17 所示。

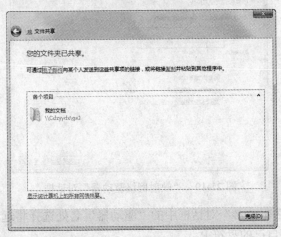

图 21-17　"文件共享"对话框

实验 21-4　查找局域网络计算机和该计算机上的共享资源，并将搜索到的 GX1 共享文件夹定义为自己的 R 盘。

操作方法及步骤如下：

（1）在桌面上，双击"网络"图标，打开"网络"窗口，如图 21-18 所示。

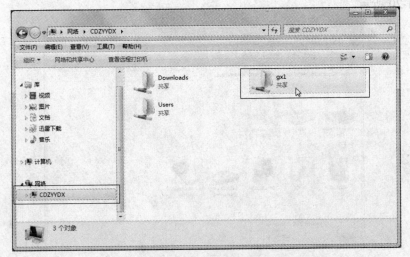

图 21-18　"网络"窗口

（2）在"网络"窗口左侧导航窗格中，单击"网络"图标，展开网络中的共享计算机或设备。

（3）单击需要访问的计算机，本例主机是"CDZYYDX"，这时"网络"窗口的右侧工作区中显示该主机中共享的文件夹，再双击共享文件夹名就可以访问到共享文件夹中的文件。

（4）单击选择共享文件图标，如 gx1。执行"工具"菜单中的"映射网络驱动器"命令（或右击，在弹出的快捷菜单中执行"映射网络驱动器"命令），系统将打开"映射网络驱动器"对话框，如图 21-19 所示。

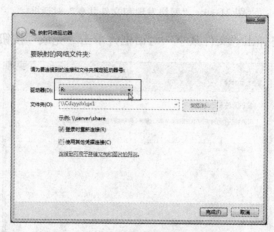

图 21-19   "映射网络驱动器"对话框

（5）在"映射网络驱动器"对话框中的"驱动器"名处选择将远程的另一台计算机上的共享文件夹资源定义为自己的盘符 R。

（6）单击"完成"按钮，网络映射驱动器设置成功。最后用户即可对 R 盘中的对象进行有关的操作，如移动、复制和建立快捷方式等。

实验 21-5   在提供打印机服务的主机上设置共享打印机。

操作方法及步骤如下：

（1）单击"开始"→"控制面板"→"设备和打印机"命令，打开"设备和打印机"窗口，如图 21-20 所示。

图 21-20   "设备和打印机"窗口

（2）在此窗口中，右击需要共享的打印机，如 HP LaserJet 1020。在弹出的快捷菜单中执行"打印机属性"命令，打开"HP LaserJet 1020 属性"对话框，如图 21-21 所示。

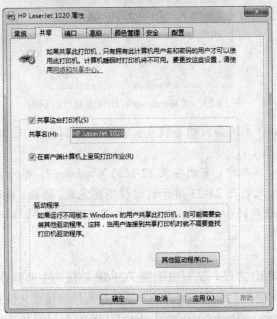

图 21-21　"HP LaserJet 1020 属性"对话框

（3）单击"共享"选项卡，勾选"共享这台打印机"复选框，单击"确定"按钮，则完成打印机共享到局域网络的操作设置。在"网络"窗口中，可以看到打印机 HP LaserJet 1020 成为共享资源。

实验 21-6　在使用网络打印机的计算机上安装打印机的网络驱动程序。

操作方法及步骤如下：

（1）打开使用共享打印机的计算机，在 Windows 7 桌面上双击"网络"图标，打开"网络"窗口，如图 21-22 所示。

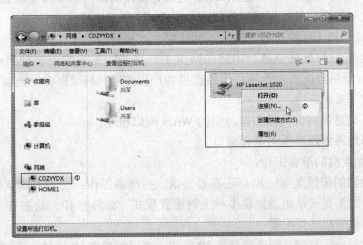

图 21-22　"网络"窗口

（2）打开共享打印机所在的主机，右击共享打印机图标，执行快捷菜单中的"连接"命令，弹出"Windows 打印机安装"对话框，如图 21-23 所示。

图 21-23　"Windows 打印机安装"对话框

（3）然后 Windows 7 系统会自动下载并安装该共享打印机的驱动程序。安装结束后，用户即可使用该共享打印机了。

注：在用户使用的计算机中，有的安装 32 位的 Windows 7，有的安装 64 位的 Windows 7，有的打印机型号比较旧，此时图 21-23 所示的过程不能完成。因此，建议在共享打印机连接前，事先安装好本地计算机使用的和共享打印机型号相同的驱动程序，以方便连接。

思考与综合练习

（1）如何配置 TCP/IP 协议？试写出配置 TCP/IP 协议的主要操作步骤。

（2）查看有关 Windows 7 和 Windows XP 系统在局域网设置文件共享的方法，请参考网址"http://support1.lenovo.com.cn/lenovo/wsi/htmls/detail_12895576440346488.html"所介绍的方法。

（3）如何通过"网络"浏览并查看共享文件夹？如何将共享文件夹定义成映射驱动器？如何断开一个映射驱动器？

（4）将几台安装有 Windows 7 系统的计算机设置成家庭网络，具体设置方法请参考网址"http://www.lan99.com/Html/system/html/system_434.html"。

（5）在学生宿舍里，将装有 Windows XP 操作系统的 4 台计算机通过无线路由器建成一个局域网，安装网络协议，通过网上邻居互相访问共享资源。

主要操作过程如下：

1）局域网的拓扑结构：采用星型网络，它以无线路由器为中心向外成放射状，通过集线器在各计算机之间传递信息。局域网的结构如图 21-24 所示。

2）用 4 或 2 端口无线路由器、网卡、网线将台式机连接起来。

①将网线连接到局域网中每台电脑的网卡上，网线的另一端连接到路由器后面板中的 LAN 接口。路由器后面板的 4 个端口可随意供客户机使用，局域网中的电脑可以任意接入这些接口，没有顺序要求。

②将 ADSL 宽带的网线与路由器后面的 WAN 端口相连。

③将电源插进路由器后面的电源端口。

3）路由器配置前的准备工作。

在进行路由器的配置之前，用户还需要先做一些准备工作：必须要确认使用的宽带接入方式是怎样的？因为宽带路由器提供多种上网配置模式，如静态 IP、动态 IP 和 PPPoE 方式，要按照使用的具体情况进行配置。

如果所用的是小区宽带，则选择静态 IP 方式，需要对静态 IP 地址、子网掩码、网关、首选 DNS 服务器和备用 DNS 服务器等参数进行设置；如果使用的是 ADSL，则需要选择 PPPoE 方式，设置用户名和密码。

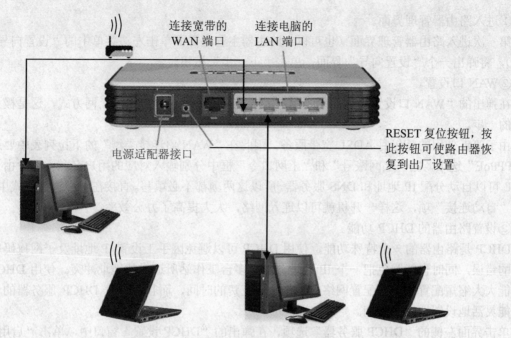

图 21-24   学生宿舍局域网结构

①在架好的局域网中挑一台机器（台式机），依次单击"开始"→"控制面板"→"网络和共享中心"→"本地连接"→"属性"→"Internet 协议版本 4（TCP/IPv4）"→"属性"。

②在弹出的窗口中选择"使用下面的 IP 地址"，在"IP 地址"后面输入 192.168.1.X（X 范围 2～254）；"子网掩码"后面输入 255.255.255.0；"默认网关"后面输入 192.168.1.1；首选 DNS 服务器后面输入 192.168.1.1。

注意：不同品牌的路由器，其设置方法也有所不同，在配置路由器前一定要详细阅读路由器的说明书，严格按照说明书中介绍的方法进行设置。在本例中，我们使用 TL-R410 路由器，其出厂默认设置信息为：IP 地址：192.168.1.X；子网掩码：255.255.255.0；用户名和密码：admin、admin。

③检查计算机和路由器的通信情况，单击"开始"按钮，选择"运行"选项，在"打开"右边的文本框中，输入 CMD 并单击"确定"按钮，出现命令窗口。然后，在该窗口的命令提示符后输入"Ping 192.168.1.1"。

④如果出现如图 21-10 所示的数据则表示计算机和路由器连接成功了；如果没有出现下面的信息，有可能是由于硬件设备的连接不当造成的，需要查看一下硬件设备的连接情况，视具体情况进行病因诊断。

通过上面的方法我们已经把计算机和路由器成功地连接在了一起，接下来我们就可以通过路由器的管理界面对路由器进行设置了。那么如何进入路由器的主管理界面呢？

4）打开 IE 浏览器，在"地址栏"输入 192.168.1.1 并回车后，会弹出一个要求输入用户名和密码的对话框。按 TL-R410 路由器的《用户手册》说明输入用户名和密码：admin、admin。

5）单击"确定"按钮后，进入 TP-LINK TL-R410 路由器的主管理界面。在路由器的主管理界面左侧的菜单列是一系列的管理选项，通过这些选项就可以对路由器的运行情况进行管理控制了。

6）路由器的基本设置。

①进入路由器管理界面。

第一次进入路由器管理界面（也可以在路由器主管理界面单击左边菜单中的"设置向导"选项），将弹出一个"设置向导"界面，单击"下一步"按钮。

②WAN 口设置。

在弹出的"WAN 口设置"界面中，用户需要按实际情况选择使用的上网方式，这是极为重要的一步。

由于笔者使用的是包月 ADSL 宽带服务，因此在"WAN 口连接类型"的下拉列表中要选择"PPPoE"选项，在"上网账号"和"上网口令"框中分别输入对应的用户名和密码。由于 ADSL 可以自动分配 IP 地址和 DNS 服务器，所以这两项都不必填写。直接在对应连接模式中，选择"自动连接"项，这样一开机就可以连入网络，大大提高了办公效率。

③设置路由器的 DHCP 功能。

DHCP 是路由器的一个特殊功能，使用 DHCP 可以避免因手工设置 IP 地址及子网掩码所产生的错误，同时也能避免把一个 IP 地址分配给多台工作站所造成的地址冲突。使用 DHCP 不但能大大缩短配置或重新配置网络中工作站所花费的时间，而且通过对 DHCP 服务器的设置还能灵活地设置地址的租期。

单击界面左侧的"DHCP 服务器"选项，在弹出的"DHCP 设置"窗口中，单击"启用"按钮。而"地址池开始地址"和"地址池结束地址"选项分别为 192.168.1.X 和 192.168.1.Y（其中，X 和 Y 分别是台式机的地址号，且 X 不能是 0、1，Y 不能是 255），在此我们可以任意输入 IP 地址的第 4 地址段。设置完毕后单击"保存"按钮。

④无线设置。

在路由器设置中，一定要确保路由器处在无线"开启"状态，并给出路由器的 SSID 号，表示该路由器的无线网络号，如 TP-LINK_R410。

为确定路由器宽带的安全，用户还可给自己的无线宽带一个字符足够长的 PSK 密码。

⑤在进行了以上设置后，只要打开局域网中的任何一台电脑，启动 IE 浏览器，都可以共享资源、上网冲浪了。

7）笔记本上网。

启动笔记本（Windows XP 环境下），单击选择"网上邻居"的"属性"进入"无线网络连接属性"界面，然后选择"无线网络配置"。在可用网络里找到自己的无线网络 SSID 号（如果附近没有其他的无线网络节点，那么这里应该只列出一个网络，否则会将附近的其他无线网络也列出来）。双击 SSID 无线网络并输入设置好的密码后，笔记本就可上网了。

如果是在 Windows 7 环境下，单击"任务栏"右下角通知区的"网络连接"图标📶，弹出"无线网络连接"信息列表框，找到自己的无线网络 SSID 号，双击 SSID 无线网络并输入设置好的密码后，笔记本就可上网了。

实验二十二　Internet 基本使用

实验目的

（1）掌握 IE（Internet Explorer 9）浏览器的启动与退出方法。

（2）掌握 IE（Internet Explorer 9）浏览器启动主页的设置。

（3）掌握搜索引擎或搜索器的使用。

（4）掌握网页及图片的下载和保存方法。

（5）熟悉一些常用的网站地址并理解 Web 资源的组织特点。

实验内容与操作步骤

实验 22-1 启动 IE 浏览器，浏览雅虎主页（http://cn.yahoo.com/）。

操作步骤如下：

（1）在 Windows 桌面上双击 Internet Explorer 浏览器图标，或在任务栏中单击快速启动栏中的 Internet Explorer 图标，即可启动 IE 浏览器。

（2）在 IE 浏览器的地址栏输入网站地址 http://cn.yahoo.com/，按下 Enter 键稍等片刻，IE 浏览器窗口出现雅虎网站主页画面，如图 22-1 所示。

图 22-1 雅虎网站的主页画面

（3）单击"文件"菜单中的"退出"命令（或单击窗口右上角的"关闭"按钮 ），即可关闭 IE 浏览器窗口。

实验 22-2 打开 IE 浏览器窗口，对 IE 浏览器做以下修改：

● 将 IE 浏览器的菜单栏和状态栏屏蔽。

● 设置 IE 浏览器的数据缓冲区为 512MB。

● 取消"在网页中播放动画"功能。

● 浏览 YAHOO 主页，将该网站主页设置为默认的主页。

● 使用 YAHOO 的"搜索引擎"查询教学课件"计算机应用基础.ppt"。

具体的操作方法如下：

（1）在任务栏中单击 Internet Explorer 浏览器图标，启动 IE 浏览器。

（2）单击"查看"菜单中的"工具栏"命令，打开"工具栏"级联菜单，如图 22-2 所示，分别消除"菜单栏"和"状态栏"菜单项的对勾符号"√"，完成对菜单栏和状态栏的屏蔽。

（3）单击"工具"菜单中的"Internet 选项"命令，打开"Internet 选项"对话框，如图 22-3 所示。

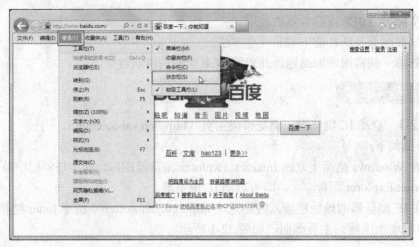

图 22-2　"工具栏"级联菜单

（4）单击"常规"选项卡，在"浏览历史记录"栏中单击"设置"按钮，打开"Internet 临时文件和历史记录设置"对话框，如图 22-4 所示。

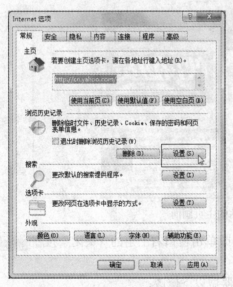

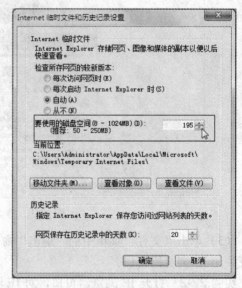

图 22-3　"Internet 选项"对话框　　　图 22-4　"Internet 临时文件和历史记录设置"对话框

（5）在"要使用的磁盘空间"微调框中输入或通过微调器按钮⬆️设置一个大小合适的数值，如 512，使数字达到 512MB，然后单击"确定"按钮，关闭对话框，设置 IE 浏览器的数据缓冲区为 512MB。

（6）在"Internet 选项"对话框中，单击"高级"选项卡，如图 22-5 所示。在"设置"列表框中取消勾选"在网页中播放动画"复选框，单击"确定"按钮，则 IE 浏览器取消该功能。

（7）在地址栏处输入 http://cn.yahoo.com，按下 Enter 键，打开 YAHOO 中文主页。然后，打开如图 22-3 所示的"Internet 选项"对话框。单击"常规"选项卡，在"主页"栏处，单击"使用当前页"按钮，则下次打开 IE 浏览器时，将自动进入 YAHOO 主页。

（8）在 YAHOO 中文主页"搜索"栏处输入"计算机应用基础+PPT"（或计算机应用基础.PPT），单击"搜索"按钮，YAHOO 搜索引擎开始搜索和词条"计算机应用基础+PPT"

有关的信息，搜索显示结果如图 22-6 所示。

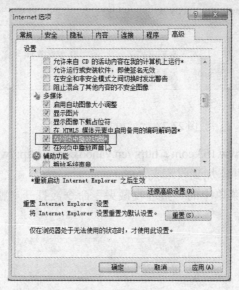

图 22-5 "高级"选项卡

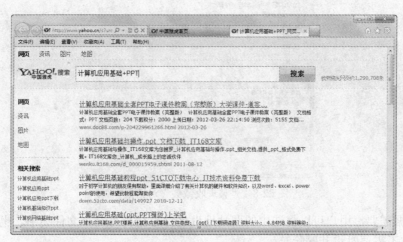

图 22-6 使用 YAHOO 搜索引擎进行相关搜索的结果

（9）在出现的众多"计算机应用基础"条目中，选择自己感兴趣的项，单击即可打开相关的内容。

实验 22-3 将优秀网站地址收录到收藏夹。

（1）启动 IE 浏览器。

（2）在地址栏中输入"中国教育"，然后按 Enter 键，则可以通过实名地址的方法，搜索与"中国教育"相关的网站，打开"中国教育和科研计算机网"网站。

（3）单击"收藏夹"菜单中的"添加到收藏夹"命令（或按下组合键 Ctrl+D），打开"添加收藏"对话框，如图 22-7（a）所示。

（4）单击"添加"按钮，可将该计算机网站地址收藏，然后观察"收藏夹"菜单中菜单项的变化情况；如果单击对话框中的"新建文件夹"按钮，则打开如图 22-7（b）所示的"创建文件夹"对话框，选择或新建一个文件夹，将已打开的站点地址添加到收藏夹。

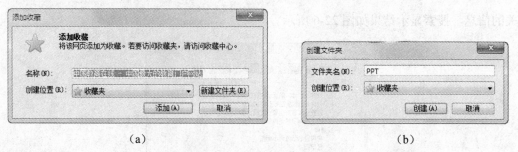

（a） 　　　　　　　　　　　　　　　　（b）

图 22-7 　"添加收藏"对话框

（5）分别打开 http://www.163.com、http://cn.yahoo.com、http://www.baidu.com/、http://www.ifeng.com/等一些网站地址并添加到收藏夹。

（6）单击"收藏夹"菜单中的"整理收藏夹"命令，打开"整理收藏夹"对话框，如图 22-8 所示。

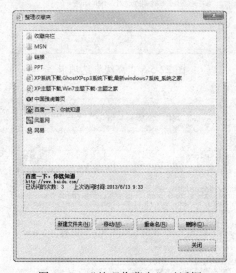

图 22-8 　"整理收藏夹"对话框

（7）根据需要，用户可以将选中的网站地址名称移至另外一个文件夹中，也可以将其更改名称，或在不需要时将其删除等。

实验 22-4 　浏览网页，下载网页源代码、图片、文字和网页等全部资源格式。

（1）启动 IE 浏览器。

（2）在 IE 地址栏中输入"http://210.28.39.107/vfpweb/index.asp"，按下 Enter 键后，打开"淮海工学院计算机系 VFP 教学网站"主页，如图 22-9 所示。

（3）在网页中，单击"等级考试"超链接，打开"等级考试"页面；再在该页面下选择所需要的题目，如"2005 年（春）"并单击，打开"2005 年（春）试题"页面，如图 22-10 所示。

（4）将鼠标指向某处，按下鼠标左键拖至另一处，将所需文本选定；右击，在弹出的快捷菜单中选择"复制"命令，将信息存入剪贴板；启动 Word 应用程序，再将剪贴板中的信息粘贴到 Word 文档中。如果要保存网页中的全部文字，可使用"文件"菜单中的"另存为"命令，在弹出的"另存为"对话框中选择保存类型为"文本文件"即可。

图 22-9　"淮海工学院计算机系 VFP 教学网站"主页

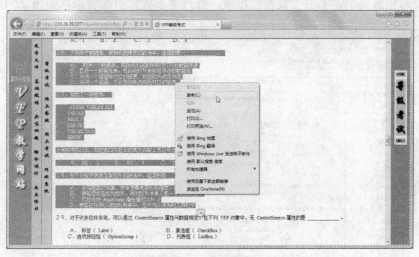

图 22-10　打开所需要的页面

（5）右击要保存的图片，在弹出的快捷菜单中选择"图片另存为"命令，打开"保存图片"对话框，指定保存位置和文件名即可将图片保存。

（6）若需要保存整个网页，则可选择"文件"菜单中的"另存为"命令，打开"另存为"对话框，在保存类型下拉列表框中选择"网页，全部（*.htm;*.html）"项。

实验 22-5　Outlook 2010（简称 Outlook）的使用。

Outlook 2010 是 Microsoft Office 2010 中的一个组件，该程序只有在安装了 Microsoft Office 2010 并选中安装 Outlook 2010 才能使用。Windows 7 中没有 Outlook 2010 或 Outlook Express，但在 Windows Live 中有一个类似的软件即 Windows Live Mail，使用方法大体相似。

使用 Outlook 2010，具体的操作方法如下：

1．申请一个电子邮箱

想要收发电子邮件，必须先拥有电子邮箱，用户可以从 http://www.163.com、http://www.21cn.com、http://www.sina.com、http://cn.yahoo.com 等网站申请免费邮箱。

由于 QQ 的流行使用，现在大多数用户都拥有一个或多个 QQ 号，此 QQ 号也就是用户的免费邮箱，具体邮箱地址的形式是：123456789@qq.com。

下面我们以某个 QQ 邮箱为例说明使用 Outlook 2010 查看邮件的方法。

2．开启 QQ 邮箱的 POP3/SMTP 服务

（1）首先用 IE 打开 mail.qq.com，登录自己的 QQ 邮箱，如图 22-11 所示。

图 22-11　登录用户的 QQ 邮箱

（2）在邮箱首页中，单击"设置"按钮，打开"设置"页面窗口，如图 22-12 所示。

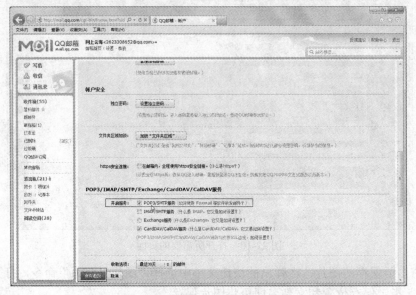

图 22-12　开启 POP3/SMTP 服务

（3）单击"账户"→"POP3/IMAP/SMTP/…"服务，勾选"POP3/SMTP 服务"复选框，单击"保存更改"按钮，并退出 QQ 邮箱。

注：http://www.163.com、http://www.21cn.com、http://www.sina.com、http://cn.yahoo.com 等邮箱则不需要上述的设置。

3．将 Outlook 与 QQ 邮箱进行关联

（1）单击"开始"→"所有程序"→Microsoft Office→Microsoft Outlook 2010，打开 Outlook 工作主窗口，如图 22-13 所示。

注：第一次启动 Outlook 程序时，系统将启动 Outlook 与邮箱（账户）关联的配置向导，单击"下一步"按钮，接着在出现的第 2 个界面中，选择"否"；单击"下一步"按钮，在出现的第 3 个界面中，勾选"继续（没有电子邮件支持）"，单击"完成"按钮，可直接进入 Outlook 工作主窗口。

（2）单击"文件"选项卡，打开如图 22-14 所示的界面。

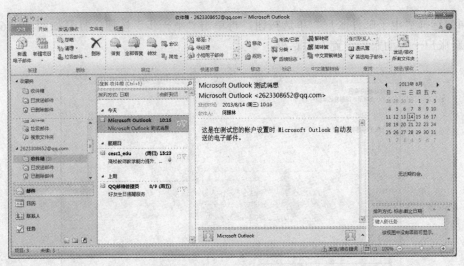

图 22-13　Outlook 2010 工作主窗口

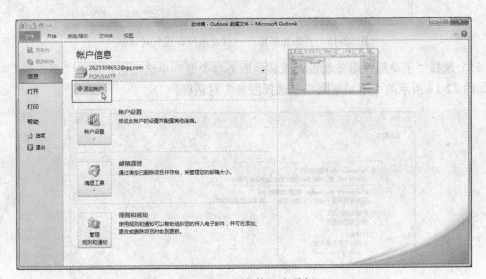

图 22-14　"文件"选项卡

（3）单击"添加账户"按钮，弹出如图 22-15 所示的"添加新账户"对话框。

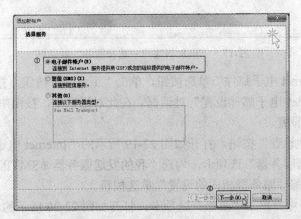

图 22-15　"添加新账户"对话框

　　（4）选择"电子邮件账户"单选按钮，再单击"下一步"按钮，打开如图 22-16 所示的"添加新账户－自动账户设置"对话框。

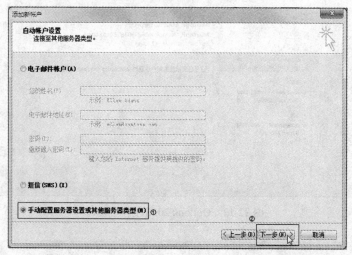

图 22-16　"添加新账户－自动账户设置"对话框

　　（5）选择"手动配置服务器设置或其他服务器类型"单选按钮，单击"下一步"按钮，打开如图 22-17 所示的"添加新账户－选择服务"对话框。

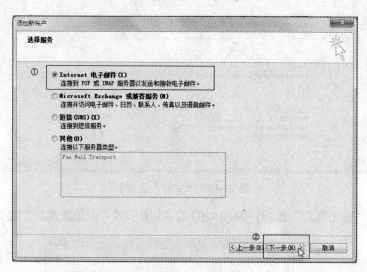

图 22-17　"添加新账户－选择服务"对话框

　　（6）选择"Internet 电子邮件"单选按钮，单击"下一步"按钮，打开如图 22-18 所示的"添加新账户－Internet 电子邮件设置"对话框。在此对话框中，按图中的操作步骤（以中文数字表示）进行参数设置。

　　（7）单击"其他设置"按钮，打开如图 22-19 所示的"Internet 电子邮件设置"对话框。

　　（8）单击"发送服务器"选项卡，勾选"我的发送服务器（SMTP）要求验证"复选框，并选择"使用与接收邮件服务器相同的设置"单选按钮。

　　（9）在图 22-19 中，单击"高级"选项卡，打开如图 22-20 所示的"Internet 电子邮件设置－高级"对话框。在"传递"栏中，勾选"在服务器上保留邮件的副本"复选框。

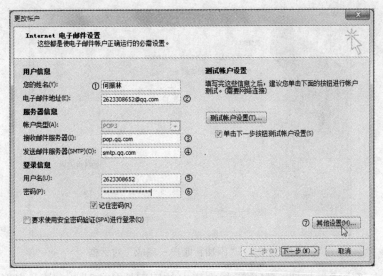

图 22-18　"添加新账户－Internet 电子邮件设置"对话框

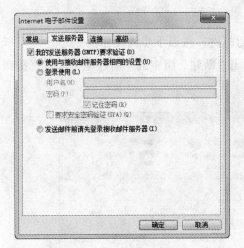

图 22-19　"Internet 电子邮件设置"对话框

图 22-20　"高级"选项卡

（10）单击"确定"按钮，回到图 22-18 所示的界面。单击"下一步"按钮，系统出现"测试账户设置"对话框，如图 22-21 所示。

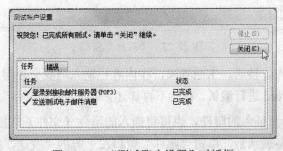

图 22-21　"测试账户设置"对话框

"测试账户设置"的过程可能要等几分钟，如果正常，出现"添加新账户－完成"对话框，如图 22-22 所示。

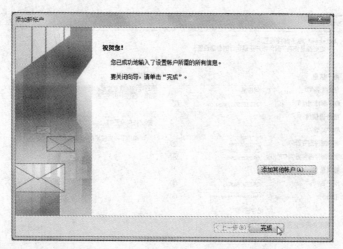

图 22-22　"添加新账户－完成"对话框

最后，单击"完成"按钮，账户添加完毕。使用同样的方法，可添加其他账户（其他的电子邮箱）。

4. 使用 Outlook 发送和接收邮件

（1）上述设置完成后，先试着给自己发一封邮件，按以下步骤操作：

1）在图 22-13 中，打开"开始"选项卡，单击"新建"组中的"新建电子邮件"按钮，打开如图 22-23 所示的"邮件"窗口。

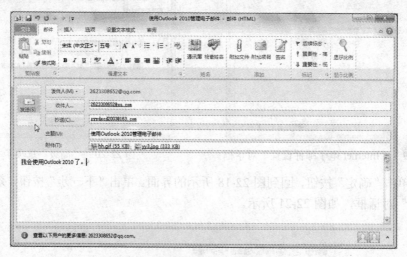

图 22-23　"邮件"窗口

2）依次输入收件人、抄送、主题等项，在内容栏输入"我会使用 Outlook 2010 了"。在内容栏中，也可类似 Word 进行编辑，在此不再详述；单击"附加文件"按钮，在打开的"插入文件"对话框中选择要插入的附件，也可将插入的附件（文件）直接拖至"附件"框中。

3）内容和附件准备就绪后，单击"邮件"窗口左上方的"发送"按钮，Outlook 会将邮件发送出去，同时，邮件存在该账户的"发件箱"里。

4）单击"文件"选项卡中的"另存为"命令，可以将当前建立的邮件以文件（*.msg）的形式进行保存，以便将来再次使用。

（2）接收邮件。

单击图 22-13 中的"发送/接收"选项卡中的"发送/接收组"按钮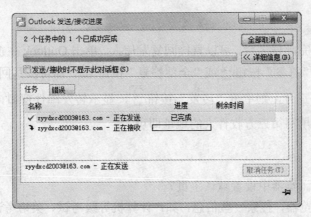，在弹出的命令列表框中选择要接收邮件的账户，在其弹出的子菜单中，执行"收件箱"命令，弹出如图 22-24 所示的"Outlook 发送/接收进度"窗口。

图 22-24　"Outlook 发送/接收进度"窗口

在图 22-24 中，单击"全部取消"按钮，中断接收，只接收部分邮件，否则将接收全部邮件，这个过程可能会较长。

（3）查看邮件

1）在图 22-13 的导航栏中，单击某账户前的"折叠"按钮▷，会展开该账户的邮件管理结构。单击"收件箱"图标，该账户接收的邮件将显示在中部的邮件列表框中。

2）单击右侧"最小化待办事项栏"按钮>，将"待办事项栏"最小化。单击邮件列表框中的某一邮件，本例是带附件的邮件"cesc1_edu"。

3）单击该邮件，邮件内容显示在右侧的邮件内容查看框中（或者双击该邮件，系统将弹出"邮件"查看窗口，并显示邮件的内容），如图 22-25 所示。

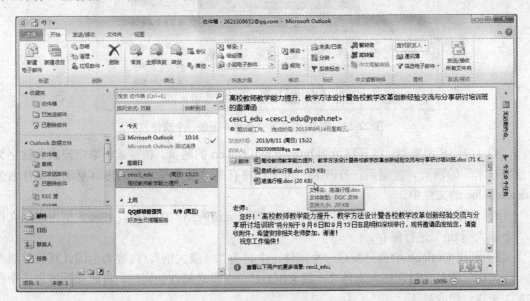

图 22-25　在 Outlook 窗口查看邮件

4）双击右侧的某一附件，可查看附件的内容。如果右击某一附件，在出现的快捷菜单中可选择"预览"、"打开"、"另存为"、"保存所有附件"和"删除附件"等命令，用户可选择执行。

如果要对邮件中的附件进行处理，也可使用 Outlook 系统主选项卡中的附件工具"附件"选项卡中的相关命令。

（4）回复和转发

打开收件箱阅读完邮件之后，可以直接回复发信人。单击 Outlook 主窗口"开始"选项卡，单击"响应"组中的"答复"按钮 ![图标] 或"全部答复"按钮 ![图标]，即可撰写回复内容并发送出去。如果要将信件转给第三方，则单击"转发"按钮 ![图标]，显示转发邮件窗口，此时邮件的标题和内容已经存在，只需填写第三方收件人的地址即可。

思考与综合练习

（1）如何在 IE 浏览器中设置默认主页？

（2）打开 IE 浏览器，搜索一些信息，如：计算机等级考试、英语考试、mp3 等，打开这些站点，将自己喜爱的网站地址添加到收藏夹。

（3）如图 22-26 所示，打开网页 http://www.skycn.com/，查询一个软件，然后将该软件下载到本地机器的磁盘中。

图 22-26　在 IE 浏览器中查找并下载一个软件

（4）打开 IE 浏览器，打开网址为 http://e.pku.edu.cn 的网页，在搜索引擎中搜索关键字为"蓝牙技术"的网页。搜索后，打开某一页面，将有关"蓝牙技术"的内容复制到文件名为 Bluetooth.doc 的文件中。

（5）利用搜索引擎查找"全国计算机等级考试一级大纲"的内容，并将大纲内容以文件名"一级大纲.txt"进行保存。

（6）利用 Outlook 给自己发送一个邮件，主题为"一级大纲"，内容为全国计算机等级考试一级大纲见附件，最后插入文件"一级大纲.txt"。在发送邮件的同时，将此邮件抄送一个收件人，密送一个收件人。

第8章 Access 数据库技术基础

实验二十三 Access 数据库技术基础

实验目的

（1）了解 Access 数据库窗口的基本组成。

（2）学会如何创建数据库文件以及熟练掌握数据库表的建立方法。

（3）掌握数据表属性的设置。

（4）掌握记录的编辑、排序和筛选、索引和表间关系的建立。

（5）掌握选择查询、参数查询、交叉表查询的建立和使用方法。

（6）掌握 SQL 语言的使用方法、利用 SQL 语句实现相关查询操作，能够独立写出一些较复杂的 SQL 语句。

（7）掌握报表的创建方法，根据不同要求设计不同的报表，实现显示和统计功能等。

（8）掌握 Access 数据库与外部文件交换数据的两种方法——数据的导入与导出。

实验内容与操作步骤

实验 23-1 利用 Access 2010 中文版创建一个空数据库"学生管理系统.accdb"。

操作方法及步骤如下：

（1）启动 Access 2010 中文版，屏幕显示的初始界面，如图 23-1 所示。在此窗口中，用户可以新建（默认）或打开一个数据库，本例创建的是一个空数据库。

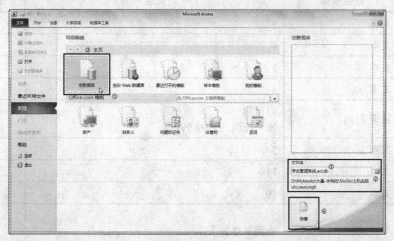

图 23-1 Access 2010 初始界面（"文件"选项卡）

（2）单击"空数据库"按钮，然后，单击"文件"选项卡右下角的"浏览到某个位置来存放数据库"按钮，弹出"文件新建数据库"对话框，选择要存放数据库的文件夹。

（3）在"文件名"处输入要创建的数据库名称：学生管理系统，然后单击"创建"按钮即可创建一个空数据库，如图 23-2 所示。

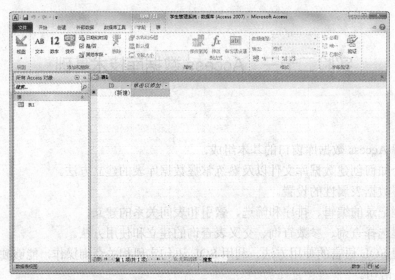

图 23-2 "学生管理系统"数据库窗口及对象控制面板

新建完成后，新建的数据库文件名为"学生管理系统.accdb"，其中".accdb"是 Access 数据库文件的默认扩展名。

实验 23-2 在已建数据库"学生管理系统.accdb"中，分别建立三张数据表"学生"、"成绩"和"专业"。其中数据表"学生"、"成绩"和"专业"的结构如表 23-1、表 23-2 和表 23-3 所示。

表 23-1 "学生"表的数据结构

字段	数据类型	宽度	主键或索引
学号	文本	8	是
姓名	文本	4	
性别	文本	1	
民族	文本	5	
出生日期	日期/时间	短日期 输入掩码：9999-99-99	
籍贯	文本	3	
电话	文本	11	
QQ 号码	文本	10	
政治面貌	文本	2 查阅属性如下： 显示控件：组合框 行来源类型：值列表 行来源：群众,团员,党员	
专业号	文本	2	有（有重复）

续表

字段	数据类型	宽度	主键或索引
入学总分	数字	整型 小数位：自动 输入掩码：999	
备注	备注		
照片	OLE 对象		

表 23-2　"成绩"表的数据结构

字段	数据类型	宽度	主键或索引
学号	文本	8	是
高等数据	数字	单精度，小数位 1 位，输入掩码 999.9	
大学英语	数字	单精度，小数位 1 位，输入掩码 999.9	
计算机基础	数字	单精度，小数位 1 位，输入掩码 999.9	

表 23-3　"专业"表的数据结构

字段	数据类型	宽度	主键或索引
专业号	文本	2	是
专业名称	文本	10	

操作方法及步骤如下：

（1）启动 Access，在出现的图 23-1 中单击"文件"选项卡，执行其展开的列表中的"打开"命令 ⬚打开 。在"打开"对话框中找到需要打开的 Access 数据库"学生管理系统.accdb"。

（2）在"学生管理系统.accdb"数据库窗口中，单击"导航窗格"中的"导航窗格开关"按钮⊙，在弹出的命令列表框中选择"表"。这时，导航窗格中列出所有已存在的表。

（3）打开"创建"选项卡，单击"表格"组的"表"按钮▦，这时将创建名为"表 1"的新表，并以数据表视图方式打开，如图 23-2 所示，同时显示"表格工具"选项卡及功能区。

（4）单击"视图"组中的"视图"按钮⬚，执行其列表框中的"设计视图"命令（或单击 Access 状态栏右侧的"设计视图"按钮⬚），弹出"另存为"对话框，如图 23-3 所示。

图 23-3　"另存为"对话框

（5）在"表名称"文本框处，输入表的名称，如"学生"。单击"确定"按钮，打开如图 23-4 所示的"表设计"窗口，依照表 23-1、表 23-2 和表 23-3 所示的表结构，建立各张表的数据结构。

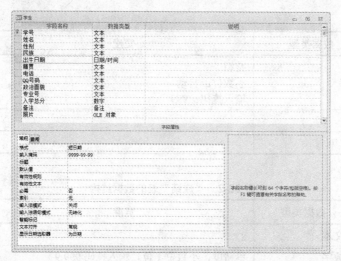

图 23-4　"表设计"窗口

注：

● 定义主键

可以在"表设计"窗口中定义一个主键，本例我们选择"学号"字段为主键。要定义主键，其操作方法为：打开表格工具"设计"选项卡，右击"学号"行左边的小按钮（行指示器或选定器），在快捷菜单中执行"主键"命令，就完成了主键的指定（或打开表格工具"设计"选项卡，单击"工具"组中的"主键"按钮 ）。此时可以看见主键行左边小按钮上增加了一个"钥匙"图标 ，表示该字段为主键。

● 插入字段

要插入一个字段，可以先选中该行，然后单击"插入行"按钮 （或右击在快捷菜单中选择"插入行"命令），则在该行前插入字段。

● 删除字段

要删除一个字段，则先选中要删除字段所在的行，然后单击"删除行"按钮 （或右击在快捷菜单中选择"删除行"命令），即可删除一个字段。

表数据结构建立并关闭"表设计"窗口后，在 Access 左侧导航窗格"表"组中已创建好各表格对象，如图 23-5 所示。

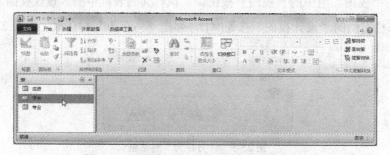

图 23-5　导航窗口中显示已创建的三张表格

（6）在"导航窗格"中，分别双击数据表的名称，打开"数据表视图"窗口，录入图 23-6、图 23-7 和图 23-8 所示的数据，数据录入后，按下 Ctrl+W 组合键（或单击编辑窗口右上角的"关闭"按钮 ），数据存盘退出。

图 23-6 "学生"表

图 23-7 "成绩"表

图 23-8 "专业"表

注：
- 在打开的"数据表视图"中，用户随时右击标题栏，在弹出的快捷菜单中执行保存、关闭、全部关闭、设计视图、数据表视图等命令，可对表进行相关操作。
- 因为表中记录不分先后次序，因此不能进行记录插入操作，只能追加记录。
- 删除整行数据。将鼠标指向第一个字段的左侧，即记录指示器或选定器，鼠标指针变为 ➡，单击可选定一行，拖动鼠标可选定多行。打开"开始"选项卡，单击"记录"组的"删除"按钮 （或右击并执行快捷菜单中的"删除记录"命令），可删除整行数据。
- 删除整列数据。将鼠标指向某个字段的顶部，鼠标指针变为 ⬇，单击可选定一列（字段），拖动鼠标可选定多列。打开"开始"选项卡，单击"记录"组的"删除"按钮 ✖ 删除 ▾（或右击并执行快捷菜单中的"删除字段"命令），可删除整列数据。

实验 23-3 利用"学生管理系统"数据库中的"学生"、"成绩"和"专业"三张数据表，建立如图 23-9 所示的表间关系及参照完整性。

操作方法及步骤如下：

（1）启动 Access 2010 中文版，并打开"学生管理系统.accdb"数据库。

（2）打开"数据库工具"选项卡，单击"关系"组中的"关系"按钮 ，系统出现"关系"窗口，同时显示关系工具"设计"选项卡，如图 23-9 所示。

（3）切换到关系工具"设计"选项卡，单击"关系"组中的"显示表"按钮 （或在"关系"窗口中右击鼠标，执行快捷菜单中的"显示表"命令），显示"显示表"对话框，如图 23-10 所示。

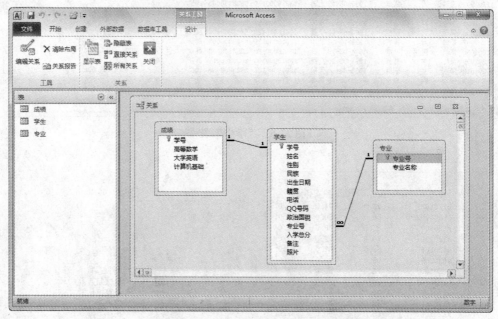

图 23-9　"学生管理系统.accdb"数据库中的表间关系及参照完整性

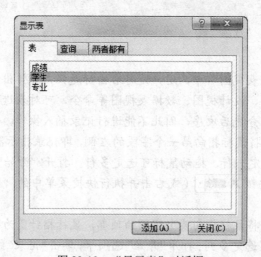

图 23-10　"显示表"对话框

（4）在"显示表"对话框中，选择建立关系的数据表，单击"添加"按钮，将该数据表添加到"关系"窗口中，类似地，将所有要建立关系的数据表添加到"关系"窗口中。

（5）单击选择建立关系的第一张表，如"专业"表，找到主键字段（字段前有钥匙图标），然后按下鼠标左键不动，将其拖至另一张表如"学生"表中有索引的关键字段名称处（鼠标指针变为），如图 23-11 所示。

（6）松开鼠标左键，这时弹出如图 23-12 所示的"编辑关系"对话框。在该对话框中，可设置主表或子表对应的关联字段。勾选"实施参照完整性"复选框，创建表间的参照完整性。

类似地，创建所有表间关系及参照完整性，最后形成图 23-9 所示的关系图。

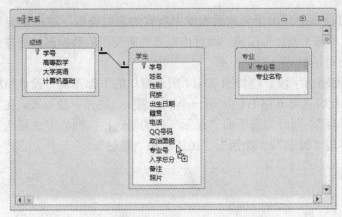

图 23-11　建立关系

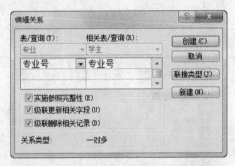

图 23-12　编辑关系及设置参照完整性

实验 23-4　以"学生"表为数据源，通过不同的查询条件，查询出性别字段为"女"和籍贯为"广西"的所有女生的记录。

操作方法及步骤如下：

（1）打开"学生管理系统.accdb"数据库后，单击"导航窗格"右上角的"导航窗格开关"按钮⊙，弹出其命令列表框，单击"查询"命令，导航窗格中显示"查询"各对象。

（2）添加数据源。打开"创建"选项卡，然后单击"查询设计"按钮，出现如图 23-13所示的查询"设计视图"窗口，同时出现"显示表"对话框。

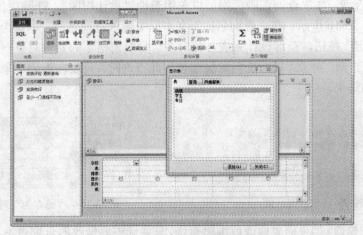

图 23-13　查询"设计视图"窗口

"显示表"对话框中列出了当前数据库中所有的表或查询，选中需要用到的表名，本例选择"学生"表，单击"添加"按钮，即可指明查询所使用的数据源。重复上述步骤指定多个数据源，然后关闭对话框。

（3）定义查询输出字段。在如图 23-14 所示窗口的下部查询"设计网格"中，单击"字段"行的第一列，此时在单元格右边出现一个下拉箭头，展开下拉列表，在其中选择需要输出的第一个字段"学号"，同时勾选下面"显示"行的复选框；同样方法依次在第二、三列分别选择需要输出的字段"姓名"、"性别"、"民族"和"籍贯"。

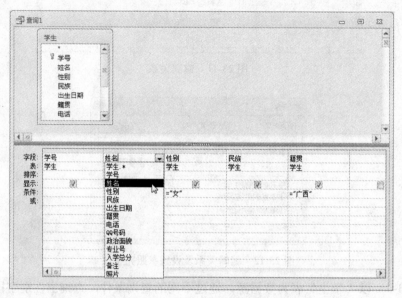

图 23-14　在查询"设计视图"中选择输出字段和查询条件

（4）定义查询条件。在需要施加约束条件字段的"条件"行中，输入一个或多个约束条件。本例中，我们要查询所有性别为"女"及籍贯为"广西"的学生记录，则在"性别"列中输入条件"="女""或者""女""；在"籍贯"列中输入条件"="广西""。

（5）测试查询结果。打开查询工具"设计"选项卡，单击"结果"组中的"运行"按钮，可以得到查询输出结果，如图 23-15 所示。

（6）保存查询。如果查询正确，则可以关闭查询"设计视图"，在随后出现的"另存为"对话框中，如图 23-16 所示。在"查询名称"文本框中输入查询名称，本例为"女生和籍贯查询"，单击"确定"按钮，查询设计完成，此时在"导航窗格"的查询对象列表中可以看到一个"女生和籍贯查询"对象。以后任何时候想使用此查询时，只要在查询对象列表中双击查询名即可得到查询结果。

图 23-15　查询结果

图 23-16　"另存为"对话框

（7）查询的修改。如果需要修改或编辑查询，只要选中要修改的查询对象，进入如图 23-14

所示的查询"设计视图"，随意添加或删除输出字段，并且自由编辑约束条件，然后进行测试、最后保存即可。例如，在刚才设计的查询基础上，删除"籍贯"字段列中的条件"="广西""，在"姓名"字段列中的条件行添加姓名查询条件"Like "李*""，如图 23-17 所示。运行后即可得到姓"李"的女生的记录，如图 23-18 所示。

图 23-17　改变查询的条件

实验 23-5　创建一个更新查询，将"成绩"表中的平均成绩均高于 80 分的记录在"成绩评定"字段中显示为"优良"。查询结果如图 23-19 所示。

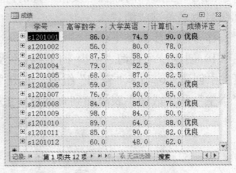

图 23-18　新查询结果　　　　　图 23-19　更新查询结果

分析："成绩评定"字段是文本型，在原表中无此字段，需要在"成绩"表中事先建立这个字段。

操作方法及步骤如下：

（1）添加数据源。打开"学生管理系统.accdb"数据库后，在"导航窗格"中显示出"查询"各对象。然后，打开"创建"选项卡，单击"查询设计"按钮，在出现的"显示表"对话框中将"成绩"表添加到查询窗口上方的"字段列表"窗格中。

（2）打开查询工具"设计"选项卡，单击"查询类型"组中的"更新"按钮 ，这时查询的类型为"更新查询"，如图 23-20 所示。

（3）在查询"设计视图"下方的"设计网格"行中，添加有关输出的字段，其中字段"([高等数学]+[大学英语]+[计算机基础])/3"直接在"成绩评定"字段列的后面输入即可。

（4）在"([高等数学]+[大学英语]+[计算机基础])/3"字段列中，输入条件">=80"；在"成绩评定"列中的"表"中，选择"成绩"；在"成绩评定"列中的"更新到"列中输入""优良""。

（5）在打开的查询工具"设计"选项卡的"结果"组中，单击"运行"按钮，然后再打开"成绩"表可观察结果。

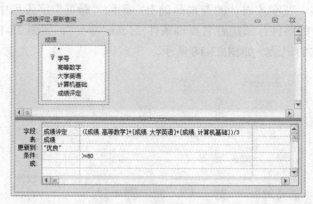

图 23-20   设置查询条件

实验 23-6   利用"学生"和"成绩"两张数据表，建立一个"考试成绩表"。生成的"考试成绩表"中包含至少有一门功课不及格的记录和"大学英语"成绩在 80~89 分之间的记录。

分析：本题的查询条件比较复杂，需分成两步进行。

①生成一个包含至少一门功课不及格的查询，查询名为"至少一门课程不及格"。

②利用"至少一门课程不及格"查询，查询到"大学英语"成绩在 80~89 分之间的记录，查询命名为"考试成绩表"。

操作方法及步骤如下：

（1）创建一个查询"至少一门课程不及格"。打开"学生管理系统.accdb"数据库后。在打开的"创建"选项卡"查询"组中，单击"查询设计"按钮，在出现的"显示表"对话框中，将"学生"和"成绩"表添加到查询窗口上方的"字段列表"窗格中，如图 23-21 所示。

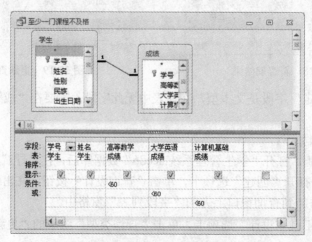

图 23-21   在"设计视图"中设置查询条件

（2）在每门课程字段的"条件"单元格中输入"<60"（注意：多个字段的条件写在同一行上表示"与"，即多个条件必须同时满足；每个条件写在不同行上表示"或"，表示至少要有一个条件满足）。

（3）执行该查询，得到的查询结果如图 23-22 所示。

（4）保存查询，以备后面使用。

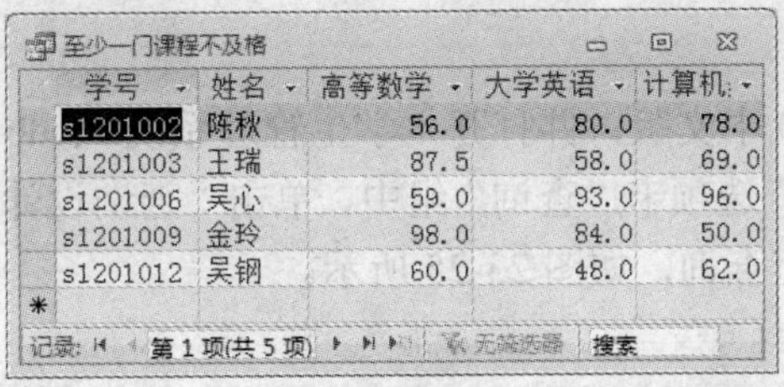

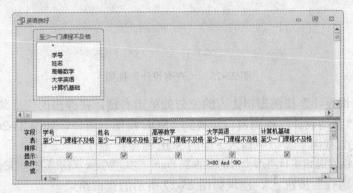

图 23-22　"至少一门课程不及格"查询结果

（5）新建一个查询，并将"至少一门课程不及格"查询添加为新查询中的数据源。

（6）如图 23-23 所示，添加有关的输出字段。再在"大学英语"字段的条件单元格中输入内容："$>=80$ And < 90"。

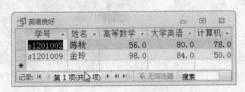

图 23-23　设置英语成绩查询条件

（7）运行查询，其结果如图 23-24 所示。

图 23-24　查询结果

实验 23-7　在"学生管理系统"数据库中，使用 SQL 命令完成以下查询。

①从"学生"表中查询学生的所有信息。

②从"学生"表中查询入学总分大于等于 550 分的学生的信息，输出学号、姓名、性别、入学总分 4 个字段的内容。

③从"学生"表中查询专业号为"02"或"04"且入学总分小于 550 分的记录。

④从"学生"表中查询入学总分在 530～580 分之间的记录。

⑤从"学生"表中查询专业号为"03"或"05"且入学总分大于等于 550 分的记录。

⑥从"学生"表中查询并输出所有年龄在 18 岁以上的记录。

⑦从"成绩"表中查询并输出三门功课中至少有 1 门不及格的记录。

⑧从"学生"和"成绩"表中查询并输出数学成绩在 80 分以上的记录，按专业分组。

⑨从"学生"表中查询入学总分最高的前 5 名的学生记录，按分数从高到低进行排序，同时指定部分表中的字段在查询结果中的显示标题。

⑩计算学生"刘雨"所修课程的平均成绩，正确的 SQL 语句。

操作方法及步骤如下：

（1）启动 Access 2010 中文版，并打开"学生管理系统.accdb"数据库。

（2）在打开的"创建"选项卡"查询"组中，单击"查询设计"按钮，并关闭出现的"显示表"对话框，建立一个空查询，如图 23-25 所示。

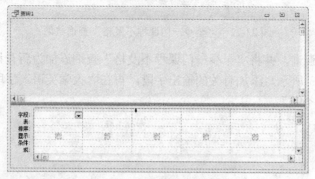

图 23-25 "查询设计"视图

（3）在"查询设计"视图窗口上方的空白处单击右键，在弹出的快捷菜单中选择"SQL 视图"命令，将"查询设计"视图窗口切换到"SQL 视图"窗口，如图 23-26 所示。

（4）在"SQL 视图"窗口中输入下面的 SQL 命令：

Select 学号,姓名,性别,出生日期,专业号,政治面貌 From 学生 Where 政治面貌 ="党员";

（5）单击"运行"按钮，出现如图 23-27 所示的查询结果。

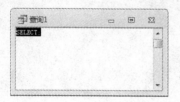

图 23-26 "SQL 视图"窗口

图 23-27 "运行"结果窗口

（6）最后，单击"数据表视图"窗口右上方的"关闭"按钮，关闭窗口。在关闭"数据表视图"窗口时，系统将提示用户是否保存查询，用户可做出相应的选择。

同样地，在 SQL 视图分别输入下面的 SQL 命令，也可完成查询操作。

①从"学生"表中查询学生的所有信息。

Select * From 学生

②从"学生"表中查询入学总分大于等于 550 分的学生的信息，输出学号、姓名、性别、入学总分 4 个字段的内容。

Select 学号,姓名,性别,入学总分 From 学生 Where 入学总分>=550;

③从"学生"表中查询专业号为"02"或"04"且入学总分小于 550 分的记录。

Select 学号,姓名,性别,出生日期,入学总分 From 学生 Where （专业号="02" Or 专业号="04"） And 入学总分<550;

④从"学生"表中查询入学总分在 530～580 分之间的记录。

Select * From 学生 Where 入学总分 Between 530 And 580;

⑤从"学生"表中查询专业号为"03"或"05"且入学总分大于等于 550 分的记录。

Select * From 学生 Where 专业号 In("03","05") And 入学总分>=550;

⑥从"学生"表中查询并输出所有年龄在 18 岁以上的记录。

Select 学号,姓名,性别,Year(Date())-Year(出生日期) As 年龄

From 学生

Where Year(Date())-Year(出生日期)>=18;

⑦从"成绩"表中查询并输出三门功课中至少有 1 门不及格的记录。

Select 学号,成绩.高等数学, 成绩.大学英语, 成绩.计算机基础

From 成绩

Where 高等数学<60 Or 大学英语<60 Or 计算机基础<60;

⑧从"学生"和"成绩"表中查询并输出数学成绩在 80 分以上的记录，按专业分组。

Select Count(*) As 各专业高数在 80 以上的人数

From 学生 Inner Join 成绩 On 学生.学号=成绩.学号

Where 高等数学 Between 80 And 100 Group By 学生.专业号;

⑨从"学生"表中查询入学总分最高的前 5 名的学生记录，按分数从高到低进行排序，同时指定部分表中的字段在查询结果中的显示标题。

Select Top 5 学号 As 学生的学号, 姓名 As 学生的名字, 性别, 入学总分 From 学生 Order By 入学总分 Desc;

⑩计算学生"刘雨"所修课程的平均成绩，正确的 SQL 语句。

SELECT (大学英语+高等数学+计算机基础)/3 as 平均分 FROM 成绩 where 学号=(select 学号 from 学生 where 姓名="刘雨");

实验 23-8　使用"向导创建报表"，创建一个"成绩登记表"报表，如图 23-28 所示。

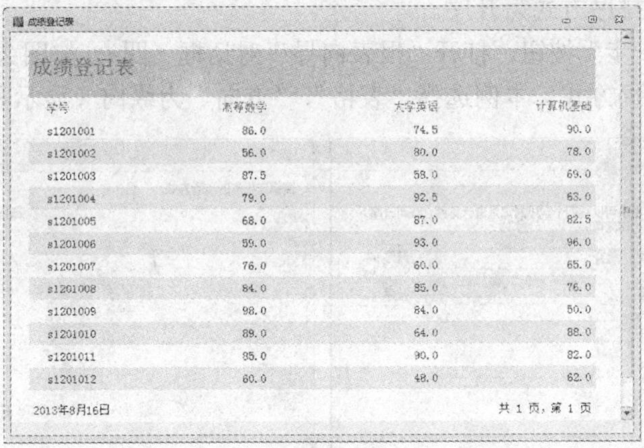

图 23-28　"成绩登记表"预览图

操作方法及步骤如下：

（1）启动 Access 2010 中文版，并打开"学生管理系统.accdb"数据库。

（2）单击"导航窗格"右上角的"导航窗格开关"按钮 ⊙，弹出其命令列表框，单击"报表"命令，导航窗格中显示出"报表"各对象。在数据库"导航窗格"中单击窗口左边"对象"列中的"报表"项。然后，在打开的"创建"选项卡"报表"组中，单击"报表向导"按钮，打开"报表向导"对话框（一），如图 23-29 所示。

（3）在"报表向导"对话框（一）中，单击"表/查询"下拉列表按钮 ▼，其中列出了当前数据库中所有可以作为数据源的表和查询，选中需要用到的表或查询名称，本例选择"成绩"。此时，在下方的"可用字段"列表框中就列出了被选中表或查询中包含的所有字段。

（4）单击 ≫ 按钮，添加"可用字段"列表框中的所有字段。单击"下一步"按钮，打

开"报表向导"对话框（二），如图 23-30 所示。

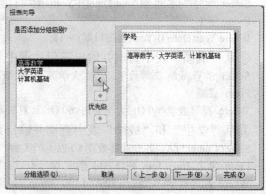

图 23-29 "报表向导"对话框（一）　　　图 23-30 "报表向导"对话框（二）

（5）在"报表向导"对话框（二）中，可以将报表按照指定字段（例如按性别）来分组（分组操作为可选项）。如果需要分组，可以在对话框左面的列表中双击分组所依据的字段，如"学号"，则可以进一步进行分组细节的定义。

由于本实验没有分组要求，单击"删除"按钮 [<]，将分组依据"学号"删除。然后，单击"下一步"按钮，打开"报表向导"对话框（三），如图 23-31 所示。

（6）在"报表向导"对话框（三）中，可以定义报表所用的排序规则，本例使用"学号"字段为排序关键字，排序方式为升序。

（7）单击"下一步"按钮，打开"报表向导"对话框（四），如图 23-32 所示。在此对话框中，选择报表的布局方式。本例选择"表格"，"方向"为纵向（显示和打印方向）。

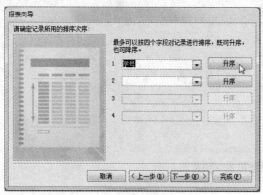
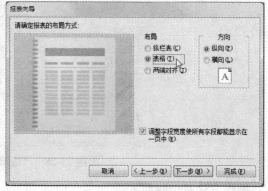

图 23-31 "报表向导"对话框（三）　　　图 23-32 "报表向导"对话框（四）

（8）单击"下一步"按钮，打开"报表向导"对话框（五），如图 23-33 所示。在此对话框中，为报表指定一个标题内容，本例标题文本是"成绩登记表"（同时，标题文本也是报表的名称）。单击"完成"按钮，便可看到生成的报表。

实验 23-9　将电子表格文件"通讯.xlsx"中的数据，导入到"学生管理系统.accdb"数据库中。

操作方法及步骤如下：

（1）启动 Access 2010 中文版，并打开"学生管理系统.accdb"数据库。

（2）如图 23-34 所示，打开"外部数据"选项卡，单击"导入并链接"组中的"Excel"

按钮 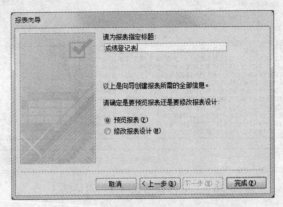，Access 系统弹出"获取外部数据-Excel 电子表格"对话框，如图 23-35 所示。

图 23-33　"报表向导"对话框（五）

图 23-34　"外部数据"选项卡

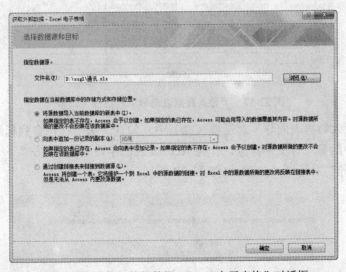

图 23-35　"获取外部数据－Excel 中子表格"对话框

（3）单击"浏览"按钮，在弹出的"打开"对话框中选取要导入的 Excel 文件后，本例选择"通讯.xlsx"。在"指定数据在当前数据库中的存储方式和存储位置"栏中选择数据源导入存放的方式，本例选择"将源数据导入当前数据库的新表中"单选按钮。单击"确定"按钮。系统弹出"导入数据表向导"对话框（一），如图 23-36 所示。

（4）该对话框的上部罗列了所选工作簿中所有的表名，下部是对应表中的数据。选中需要的表，本例为"Sheet1"。单击"下一步"按钮，弹出"导入数据表向导"对话框（二），如图 23-37 所示。

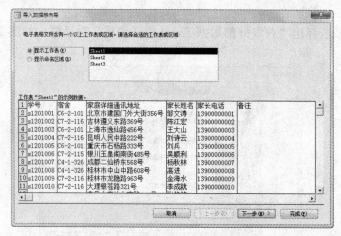

图 23-36　"导入数据表向导"对话框（一）

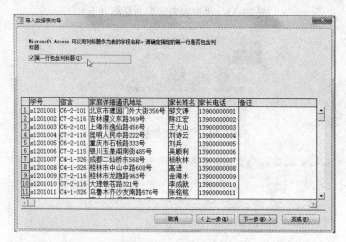

图 23-37　"导入数据表向导"对话框（二）

（5）在"导入数据表向导"对话框（二）中，勾选"第一行包含列标题"复选框（即将 Excel 电子表格中的第一行文字标题，作为 Access 表的字段名）。单击"下一步"按钮，弹出 "导入数据表向导"对话框（三），如图 23-38 所示。

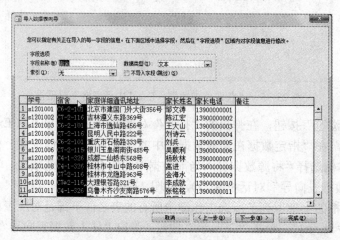

图 23-38　"导入数据表向导"对话框（三）

（6）在"导入数据表向导"对话框（三）中，单击对话框下半部的字段信息列表框中的一个字段名即可选择一个字段。然后，在"字段选项"栏内对字段信息进行修改，为指定的字段设置一定的属性。如果不需要导入该字段，则勾选"不导入字段（跳过）"复选框，如果需要导入全部字段，直接单击"下一步"按钮，系统弹出"导入数据表向导"对话框（四），如图 23-39 所示。

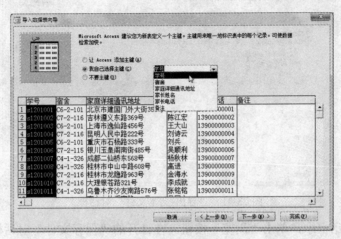

图 23-39　"导入数据表向导"对话框（四）

（7）在"导入数据表向导"对话框（四）中，可以定义主键。单击"我自己选择主键"右侧的下拉列表框按钮 ▼ ，选择某一字段名来作为主键。单击"下一步"按钮，系统弹出"导入数据表向导"对话框（五），如图 23-40 所示。

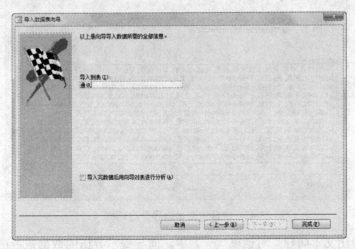

图 23-40　"导入数据表向导"对话框（五）

（8）在对话框中为导入后的表命名，本例为"通讯"，单击"完成"按钮，数据导入完成。

实验 23-10　将"学生管理系统.accdb"数据库中的"学生"表数据，形成一个文本文件。操作方法及步骤如下：

（1）启动 Access 2010 中文版，并打开"学生管理系统.accdb"数据库。

（2）在"导航窗格"中列出各"表"对象，并选中"学生"表。

（3）打开"外部数据"选项卡，单击"导出"组中的"文本文件"按钮 ，Access 系统弹出"导出-文本文件"对话框，如图 23-41 所示。

图 23-41　"导出-文本文件"对话框

（4）在此对话框中，单击"浏览"按钮。在打开的"保存文件"对话框中，指定文件名（本例为"学生"）和保存位置，单击"保存"按钮，回到本对话框。单击"确定"按钮，系统弹出"导出文本向导"对话框（一），如图 23-42 所示。

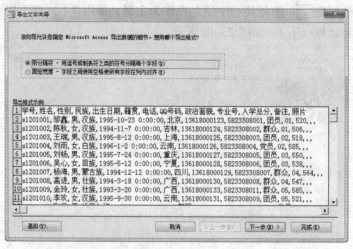

图 23-42　"导出文本向导"对话框（一）

（5）在"导出文本向导"对话框（一）中，向导提示导出的数据是否在文本文件中带有分隔符，本例选择"带分隔符"单选按钮。单击"下一步"按钮，系统弹出"导出文本向导"对话框（二），如图 23-43 所示。

（6）在"导出文本向导"对话框（二）中，向导提示选择字段分隔符，本例选择"逗号"单选按钮。勾选"第一行包含字段名称"复选框，选择"文本识别符"为"无"。

如果在"导出文本向导"对话框（一）或（二）中，单击"高级"按钮，系统将打开如图 23-44 所示的"学生导出规格"对话框，用户可对导出的文本格式做进一步的设置。

单击"下一步"按钮，系统弹出"导出文本向导"对话框（三），如图 23-45 所示。

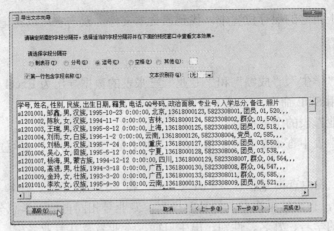

图 23-43　　"导出文本向导"对话框（二）

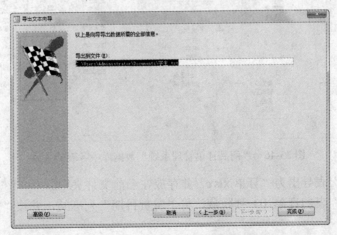

图 23-44　　"学生导出规格"对话框

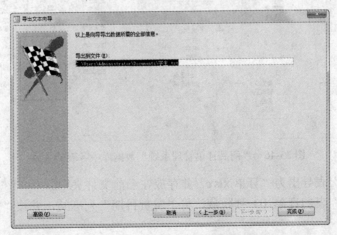

图 23-45　　"导出文本向导"对话框（三）

（7）在"导出文本向导"对话框（三）中，向导提示确定导出的文本文件名，用户可以输入一个正确的文件名（可包含文件的完整路径，如 D:\AccessSamlpes\xsgl\学生.txt）。单击"完成"按钮，完成数据的导出。

（8）在磁盘上指定的保存位置中，找到该文本文件，双击它可以在记事本中打开。

思考与综合练习

（1）分别将"学生"、"成绩"和"专业"三张表的数据导出为 Excel 表。

（2）分别使用 SQL 命令，完成下面的查询。

1）查询"专业"表的全部信息。

2）从"学生"表中查询专业号不是"02"，也不是"05"，并且入学总分在 550～580 分之间的记录。

3）从"学生"表中查询专业号为"01"、"03"和"05"的学号、姓名、性别、出生日期、专业号和入学总分，查询结果按专业号升序排列，专业号相同再按入学总分降序排列。

4）查询学生的学号、姓名、性别、出生日期、专业号及其专业名称。

5）查询学号为"s1201007"的姓名、性别、出生日期、专业号、专业名称，以及该学生的高等数学、大学英语和计算机基础 3 门课程的成绩。

6）从"学生"表中查询各专业的人数。

7）查询所有学生的学号、姓名、性别、出生日期以及高等数学、大学英语和计算机基础 3 门课程的成绩。

（3）以"Northwind.accdb"数据库中的各表为数据源，完成如下各题的操作。

1）创建一个空的"商品订单管理系统 accdb"数据库。然后，将 Northwind.accdb 中的各表导入到该数据库中，并为各表实施参照完整性（但不进行级联更新和级联删除），数据库中各表的关系如图 23-46 所示。

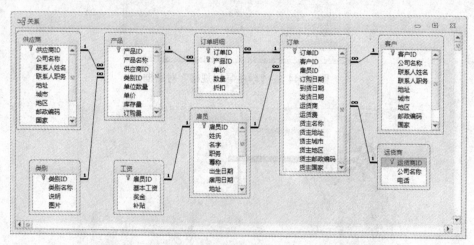

图 23-46　"商品订单管理系统"数据库中各表的关系

2）将"订单"表导出为"订单.xlsx"并存放在当前文件夹中。

3）将"订单"表的订单 ID 列隐藏，将"发货日期"列冻结，并按"发货日期"列降序排列。

4）创建一个参数筛选，筛选订单 ID 列，参数提示为"请输入订单 ID"，弹出如图 23-47 所示的"参数筛选"对话框，查询执行的结果如图 23-48 所示。

提示：设计参数筛选的方法是，在打开的"开始"选项卡中单击"排序和筛选"组中的"高级"按钮，在其展开的命令列表框中执行"高级筛选/排序"命令，打开如图 23-49

所示的"订单筛选 1"窗口，用户可根据需要设计查询参数。

图 23-47　"参数筛选"对话框　　　　　　图 23-48　"参数筛选"查询结果

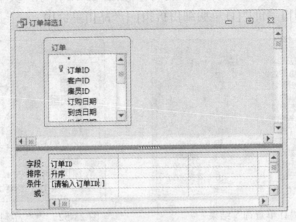

图 23-49　"订单筛选 1"窗口

5）在"商品订单管理系统"数据库中，创建"工资"表。"工资"表的结构如表 23-4 所示，部分数据如图 23-50 所示。然后，设置"雇员"表到"工资"表的关系为一对多，并实施参照完整性。

表 23-4　"工资"表的数据结构

字段名称	字段类型	字段大小	是否主键
雇员 ID	自动编号		
基本工资	货币		
奖金	货币		
补贴	货币		

图 23-50　"工资"表的部分数据

6）以"产品"、"客户"、"订单"和"订单明细"表为数据源，创建"订单查询"，结果显示订单 ID、公司名称、产品名称、数量和价格字段，其中：价格=[订单明细].单价*[订单明细].折扣。查询结果如图 23-51 所示。

7）以“产品”表为数据源，创建更新查询“调价”，实现将产品 ID=2 的商品价格下调 10%。

8）以“产品”表为数据源，创建一个删除查询“删除产品”，实现将“库存量”为 0 的产品删除。

9）以“产品”、“订单”和“订单明细”表为数据源，创建“产品利润”查询，统计每种产品的利润。结果显示“产品名称”和“利润”，如图 23-52 所示。其中：利润=Sum([订单明细]![数量]*([订单明细]![单价]*[订单明细]![折扣]-[产品]![单价]))

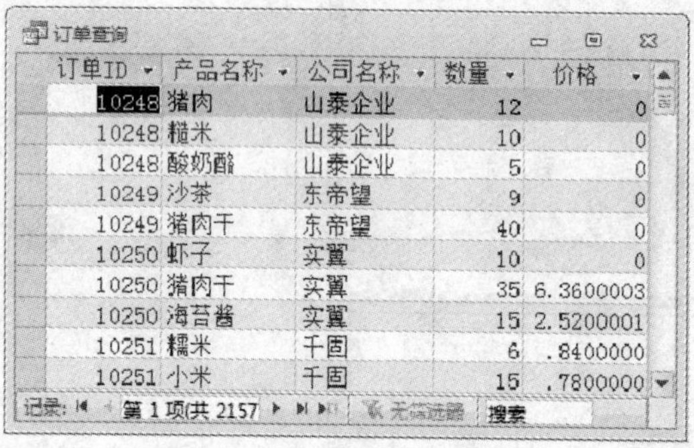

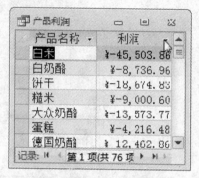

订单查询

订单ID	产品名称	公司名称	数量	价格
10248	猪肉	山泰企业	12	0
10248	糙米	山泰企业	10	0
10248	酸奶酪	山泰企业	5	0
10249	沙茶	东帝望	9	0
10249	猪肉干	东帝望	40	0
10250	虾子	实翼	10	0
10250	猪肉干	实翼	35	6.3600003
10250	海苔酱	实翼	15	2.5200001
10251	糯米	千固	6	.8400000
10251	小米	千固	15	.7800000

记录：第 1 项(共 2157 项) 无筛选器 搜索

图 23-51 “订单查询”结果

产品利润

产品名称	利润
白米	¥-45,503.86
白奶酪	¥-8,736.96
饼干	¥-18,674.83
糙米	¥-9,000.60
大众奶酪	¥-13,573.77
蛋糕	¥-4,216.48
德国奶酪	¥12,462.86

记录：第 1 项(共 76 项

图 23-52 “产品利润”查询结果

10）以“工资”和“雇员”表为数据源，创建一个“工资发放”的生成查询，生成表的结果如图 23-53 所示。生成的字段为雇员 ID、雇员姓名、基本工资、奖金、补贴、税前和税后。

工资发放

雇员ID	姓氏	名字	基本工资	奖金	补贴	税前	税后
1	张	颖	￥500.00	￥100.00	￥450.00	¥1,050.00	997.5
2	王	伟	￥800.00	￥100.00	￥440.00	¥1,340.00	1273
3	李	芳	￥600.00	￥50.00	￥500.00	¥1,150.00	1092.5
4	郑	建杰	￥500.00	￥100.00	￥550.00	¥1,150.00	1092.5
5	赵	军	￥750.00	￥100.00	￥440.00	¥1,290.00	1225.5
6	孙	林	￥500.00	￥100.00	￥600.00	¥1,200.00	1140
7	金	士鹏	￥450.00	￥100.00	￥300.00	¥850.00	807.5
8	刘	英玫	￥500.00	￥50.00	￥300.00	¥850.00	807.5
9	张	雪眉	￥500.00	￥100.00	￥550.00	¥1,150.00	1092.5
(新建)							

记录：第 1 项(共 9 项) 无筛选器 搜索

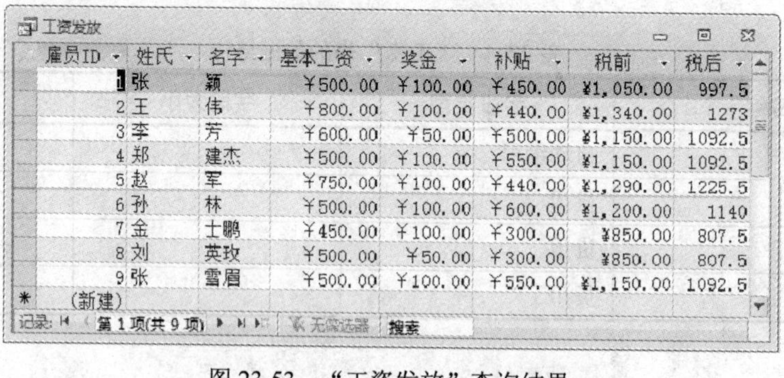

图 23-53 “工资发放”查询结果

其中税前和税后的计算公式如下。

税前=基本工资＋奖金＋补贴

税后=(基本工资＋奖金＋补贴)*0.95。

11）以“客户”、“订单”和“订单明细”表为数据源，创建生成查询“客户交易额”，统计每个客户的交易额。结果显示公司名称和交易额字段。

交易额=SUM([订单明细]![单价]*[订单明细]![数量]*[订单明细]![折扣])

12）以“工资”表为数据源，创建参数更新查询“工资调整”，通过输入基本工资、奖金和补贴的变动数来改变雇员的工资。参数提示为“基本工资变动差额”、“奖金变动差额”、“补贴变动差额”和“请输入雇员 ID”。

（4）利用本章实验中的"学生"表，使用"图表向导"创建报表"学生"，显示统计每个专业的人数图。

（5）利用教材中的"学生"、"成绩"和"课程"表，创建一个"学生成绩表"报表，要求按"课程编号"升序排序，并添加计算控件，用来统计每位学生成绩的平均分。报表如图23-54所示。

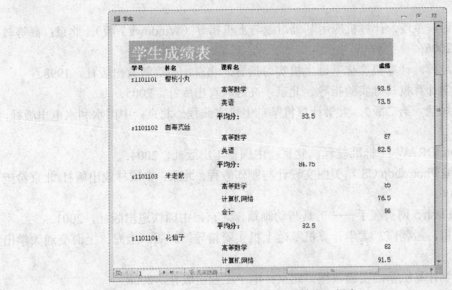

图 23-54　"学生成绩表"报表

参考文献

[1] 李畅，陈德通，董连. 计算机应用基础习题与上机指导（Windows 7 版）. 北京：高等教育出版社，2006.

[2] 杨振山，龚沛曾. 计算机文化基础上机实习指导. 北京：高等教育出版社，1998.

[3] 冯博琴. 大学计算机基础实验指导. 北京：高等教育出版社，2005.

[4] 何振林，胡绿慧（第二版）. 大学计算机基础上机实践程. 北京：中国水利水电出版社，2012.

[5] 崔燕晶. CorelDRAW 11 标准教程. 北京：中国青年出版社，2004.

[6] 胡国钰. 新编 Photoshop CS 精美图文设计与制作教程. 北京：中国林业出版社/北京希望出版社，2006.

[7] 吴明哲等. Flash 5 网页高手——工具与动画篇. 北京：中国铁道出版社，2001.

[8] 李敏，刘欣宙，孟朝霞. 大学计算机基础上机实验指导. 2 版. 上海：上海交通大学出版社，2008.

[9] 李克文. 大学计算机基础实验教程. 北京：电子工业出版社，2008.

[10] 訾秀玲. 大学计算机应用基础习题与实验指导. 北京：清华大学出版社，2009.